湛庐 CHEERS

与最聪明的人共同进化

HERE COMES EVERYBODY

住宅巡礼

[日]中村好文 著

林铮颉 译

中国纺织出版社有限公司

一位设计师朋友提到《住宅巡礼》这本书，无奈各处都找不到，最后花了200多元买到一本黑白的复印本。读完爱不释手，因此有了让更多热爱设计的人阅读这本经典之作的想法，这也成为此次《住宅巡礼》得以出版的缘起。

书中的经典片段至今仍在脑海停留。

从关注野猫休憩场所的人道主义建筑师勒·柯布西耶（Le Corbusier），到认为艺术中只有为人建造住所才能称之为伟大成就、一针见血地指出"建筑和音乐一样，必须是能触动灵魂的东西"的菲利普·约翰逊（Philip Johnson），再到无论在哪栋建筑物里，外套挂架的位置总是一副理所当然的样子，正好位于"只能是这里"的"这里"，自己设计的私宅也更是舒适简单、到处洋溢着良好的坐卧感觉的阿尔瓦·阿尔托（Alvar Aalto），无一不令人印象深刻。

吉瑞特·托马斯·里特维德（Gerrit Thomas Rietveld）的施罗德住宅至今已有97年的历史，目前仍是一直有人居住的前卫住宅；弗兰克·劳埃德·赖特（Frank Lloyd Wright）波澜万丈的戏剧化人生也在他设计的流水别墅上得到了淋漓极致的表现；埃

里克·贡纳尔·阿斯普朗德（Erik Gunnar Asplund）的夏季别墅中用传统手法在房间角落建造的壁炉仿佛诉说着沉默的童话，让人有瞬间穿越的感觉；马里奥·博塔（Mario Botta）的独家住宅朴素到几乎可以融入风景中，可也正是如此恰当的融入才让他的作品显得魅力无限；路易斯·康（Louis Kahn）的私宅设计仍如美丽的神殿，静静地诉说着建筑师"没有光，就没有建筑"的哲学理念；著名如柯布西耶那样的建筑师，自己被地中海所拥抱的私宅别墅也毫无半点豪迈气势，简单朴素到很符合小屋的形象，而他自己也长眠在终其一生爱着的这片海……

当然，能够再次隔空与这些伟大的建筑师对话，最要感谢的是本书的作者中村好文，他的作品《住宅读本》《意中的建筑·空间品味卷》《盖房记》《生活艺术家的手作私宅》等已经在中国出版，而他自己作为设计师在日本也获奖无数，现在仍以73岁的高龄担任日本大学生产工学部建筑系居住空间设计课程教授。他立志于把住宅设计和家具设计当作一生的工作，并且坚持至今。中村好文先生是我心目中匠人精神的代表人物，也期待有更多中国的"中村好文"出现。

从《住宅巡礼》这本书中，我们得知历史上几乎所有的顶级建筑师都有自己的私宅代表作，而且他们的作品大都是从私宅设计开始的。我们可以在大师们留下的作品中看到这些经典设计背后的逻辑和初衷，它们不是盲目的抄袭和跟风潮流，而是回归对私宅本质的理解，根植于本土、融入于自然，简而言之就是构造一个让自己感到舒适自然的地方。用中村好文的话来描述就是："建造一个家，最令人愉快的是能够与住在那个家的灵魂或者精神相遇的一瞬间。"

当今的中国，随着人们对美好生活的追求不断提高，中国私宅设计也到了应该有更高地位的时代。我从创立尚层装饰之初就专注于别墅设计，我们一直倡导"一厘米宽，一公里深"的经营理念，立志成为行业受人尊敬的领导者，从而推动中国住宅设计的发展。15年过去了，我们深知这个使命之艰巨。受人尊敬是需要深厚沉淀的，而这些沉淀背后需要尚层及整个行业设计师们心无旁骛、持续不断地为之付出，需要更多的情感连接和投入，而私宅设计本身就是传递美和情感的桥梁。

尚层成立至今已经举办了6届主题为"让设计回归生活"的红玺杯设计师大赛，涌现出一大批致力于私宅设计的中坚力量，和本书倡导的设计理念遥相呼应。私宅设计既是美学的表达，又是一木一石的客观存在，其本质是为人的生活服务，作为设计师，必须去繁就简，由表及里，把握本质，如此才能留下不朽的作品。而只有多看经典，理解经典背后的逻辑和诉求，才能抽丝剥茧，跳出时代的裹挟，成为那个受尊敬的自己。

读完这本书，掩卷思考，愿不久的将来，成为百年经典的设计作品中能有我们中国设计师的足迹。

林云松

如果您去一趟书店，就会发现介绍建筑的图书如此之繁多、厚重、华丽、精美。这一切吸引了无数读者的眼球。

想必您也是冲着某位设计大师或者某个知名的设计事务所去的吧，从勒·柯布西耶到弗兰克·劳埃德·赖特，从安东尼·高迪（Antoni Gaudi）到阿尔瓦·阿尔托，哪一位不是建筑史上的重量级人物？再翻翻那些精美的图册，一座座现代感极强、设计感一流的大型公共建筑跃然纸上，从早期现代风格的帝国饭店到现代风格的哥特式教堂，再到后来表现主义风格的圣路易斯拱门，又有哪一个不是经典之作？

可是……

有没有一本书，它有别于极具冲击力的大型建筑介绍，少一分张扬，多一分朴实？

有没有一本书，它带给读者前所未见的关于住宅作品的信息？

有没有一本书，它不仅让普通大众沉浸其中，而且让专业人士与建筑大师擦出奇妙的火花？

我们的回答是："有！"

面对书店里一本本价格不菲、厚重的建筑作品集，我们推出了这道爽口的建筑菜肴——《住宅巡礼》。

它集 20 世纪最伟大建筑师的住宅作品于一身；它是对浮华背后那些建筑小屋的亲切诠释；它带领读者一窥至今尚未公开的住宅全貌；它让大众和专业人士都为之动容和感染。

细细读下来，你会被书中淡雅、细腻的文字所打动。作者中村好文将我们带入一个个微妙的气团中，语句间散发着蔚蓝海岸微咸的味道，仿佛他的笔尖下氤氲着地中海潮湿的水汽。看着作者亲手绘制的平面图和有趣的注解，你会不禁莞尔一笑，这恐怕是本书带来的另一份惊喜吧。

怀着一颗好奇与崇敬的心，与作者一同进行一次住宅的巡礼吧！

测一测

关于 20 世纪伟大的建筑大师及其作品，你了解多少？

扫码鉴别正版图书
获取您的专属福利

扫码获取全部测试题及答案
看一看你对 20 世纪伟大的
建筑大师及其作品了解多少

- 坐落在瑞士莱芒湖畔的经典建筑"母亲之家"出自以下哪位建筑师之手？

  A. 勒·柯布西耶

  B. 菲利普·约翰逊

  C. 阿尔瓦·阿尔托

  D. 弗兰克·劳埃德·赖特

- 利用在石灰中混入猪血而成的红褐色与只有石灰的灰色，造出横纹模样的外墙的建筑装饰手法，是以下哪个地区的居民首创的？

  A. 长崎

  B. 提契诺州

  C. 加利福尼亚州

  D. 云南省

- 如果你要就书中所述的建筑作品开始自己的"住宅巡礼"了，你应该知道 _____ 说法是错误的。

  A. 想要参观勒·柯布西耶的"母亲之家"，可以去柯尔塞乡公所问询

  B. 勒·柯布西耶就葬在其建筑作品"休闲小屋"的背后，参观者可一道去缅怀

  C. 埃里克·贡纳尔·阿斯普朗德的"夏季别墅"系个人住宅，不对外开放参观

  D. 菲利普·约翰逊的"城市住宅"已于 2005 年开放内部参观，可以购票进入

向住宅启程

这几年来，我持续在世界各地旅行，拜访那些依然存在的 20 世纪住宅名作。

在学生时代，我从勒·柯布西耶等伟大建筑家的经历中得知，旅行是成为建筑师的一项必要的课外学习。我从年轻时就喜欢旅行，而这次"住宅巡礼"之旅是我将这个爱好进一步升级的成果。

我自己经营着一家设计事务所，所以需要千方百计地挤时间和筹措费用。我曾经最多一年旅行了七次，差不多有三个月的时间在海外度过。

以这种频率屡屡远赴海外，按道理讲我应该已经成为一个习惯搭飞机的人，可是事实并非如此。

完成机场报到和出关手续，度过无聊的等待时间，我随着成排的旅客缓缓地进入机舱内，深深地坐进指定的座位里。咔嚓，一系上安全带，轻松的安心感开始在胸中扩散，而与此同时，旅行的紧张不安、心头的兴奋

感，也从体内某处渗出来，并浸透全身，我说什么也无法保持在坐上公车电车时那种平常的心情了。唉，真是白活了！

这种特别的兴奋感，一定与 40 多年前某次旅行的早晨，我那份令人怀念的记忆有关……

在短距离区间内行驶的小型火车，被称为"轻便铁路"，也许现在知道这个名称的人已经不多了。我生长在房总半岛海边的一个农家市镇，它与国铁车站（现在的 JR 车站）所在的城镇相隔 10 千米。两地之间的交通联络方法，只有那种由两三节车厢组成的"轻便铁路"。

不过，当时我们并不称它为"轻便铁路"，而是叫它"轨道"或者"火柴盒"。"轨道"是"轨道车"的简称。"火柴盒"的昵称则来自两点，一是它的车厢大小只比游乐场的电车车厢大一圈，形状像个可爱的盒子；二是车顶表面的触感有如砂纸，还是焦褐色

的，其专业名称叫作"砂质车顶"。

当时农家的孩子几乎没有旅行的机会，所以坐上"轨道"对我来说，就意味着将"启程"朝着遥远的陌生土地前进。

在我小学一年级的秋天，不记得什么原因了，我和母亲两人一起回她在大阪的娘家。其实，这是我人生中第一次最像旅行的旅行，而且是为时一个星期的长期旅行。

不只如此，出发那天的早晨，我们所搭乘的"轨道"车厢内部的气氛，即使对一个小孩子来说，也是印象深刻的：秋天柔和的阳光从车厢上开启的窗户射入，车厢内笼罩着微微的清漆的味道，还有乘客们用好奇的眼光看着在渔港城镇上少见的、样子像是都市人准备去旅行的一对母子（母亲到美容院烫了发，打扮得很利落，而我则穿得像是过七五三节[1]的样子，还系着领带）。这些景象仿佛是古老无声电影的画面，映入了我的眼帘。

除了上述情景，我一坐上木制的坚硬座位，心中那因期待、不安及好奇三者相互纠结而产生的异样兴奋，以及在经过老师和父母同意之下获得休假的特别待遇之时的明朗心情，也都从记忆尘封的一角完全苏醒了过来。

其实，这只是从成田机场搭乘飞机出发的一瞬间，我在脑海中和感觉上所回想起的那值得纪念的一段有关"启程"的记忆。

或许有人会说："你都已经是白发杂生的年纪了，怎么还像个小孩子似的。"我还是要再补充一句，在走访目标住宅时我的上述心情仍然不减，还得再添加上"雀跃感"才行。打个比方来说，这种心情就像是要去与苦恋多年的爱人相见！

这本书是我亲自访问历史性的住宅名作，置身于那些住宅之中，在其中走动的时候，记下的所见、所思、所感。

本书既像旅行日记，又像建筑的导览书，也像由素描和照片组成的田野调查笔记。如果您能从这本书中体会到那种使我心脏扑通扑通地跳、紧张不安，而又雀跃不已的感觉，那就是我的荣幸了！

1
每年的11月15日是日本的"七五三节"。在这一天，日本的三岁女孩、五岁男孩和七岁女孩都会穿上传统的和式礼服，跟随父母去神社祭拜，以祈求身体健康、发育顺利。——编者注

勒·柯布西耶 Le Corbusier
（1887—1965）

　　1887 年，勒·柯布西耶出生于瑞士的拉绍德封（La Chaux-de-Fonds），
本名为夏尔－爱德华·让纳雷（Charles-Edouard Jeanneret）。在当地的美
术学校学习后，他到欧洲各地进行建筑行脚。1917 年迁居巴黎后，柯布西耶
与堂弟皮埃尔·让纳雷（Pierre Jeanneret）一起开设了一家主营建筑、都市
计划的设计事务所。此后，在建筑和都市计划领域，柯布西耶留下了许多不朽
的作品，成为近代建筑的先驱者。另外，他还以立体派画家、雕刻家以及建筑
理论家的身份活跃于当代，与密斯·凡·德·罗（Mies Van der Rohe）、弗兰
克·劳埃德·赖特并称为近代建筑的巨匠。

　　柯布西耶的代表性建筑作品有母亲之家（Une Petite Maison）、休闲小屋
（Le Cabannon）、拉罗歇－让纳雷别墅（The Villas La Roche-Jeanneret）、
萨伏伊别墅（The Villa Savoye）、马赛公寓（The Unité d'Habitation in
Marseilles）、朗香教堂（The Chapel at Ronchamp）；著作有《走向新建
筑》（*Vers une architecture*）、《光辉城市》（*La Ville radieuse*）、《直角之诗》
（*Le Poème de l'angle droit*）等。

勒·柯布西耶的母亲之家

瑞士 ｜ 柯尔塞 ｜ 1924 年

住宅版《舞会笔记本》

原来如此，是《舞会笔记本》（Un carnet de bal）的原因吗？

我一边心不在焉地望着车窗外的莱芒湖水面和对岸的阿尔卑斯群山，一边脑子空空如也，嘴里嘀嘀咕咕起来。

旅行时，在从甲地移动到乙地的无聊时间里，有时候会有意料不到的想法横穿过脑海。

考虑到不知道这部电影的读者，我先解释一下吧！《舞会笔记本》是一部法国老电影，讲的是一位年近中年的寡妇，按照自己年轻时在旧舞会笔记本上所记录的名字，一个接一个地走访在少女时代曾经向她示过爱的男士们。

虽然不像电影那般浪漫，但是在过去，许多住宅就开始用"建筑"这样的语言，对学生时代的我静静地讲故事。因此，一些吸引我的住宅名作很快就出现了。我无须经常翻阅旧笔记本，因为即使经过长长的岁月直

到今天，那些住宅依然稳稳地栖息在我内心深处。

从年轻时，我就在那些百看不厌的住宅平面图里学习到了建筑的精神和设计手法。可是，最近我极度感兴趣的却是那些令我憧憬的住宅的本来面目。这些住宅内部的氛围与想象中的有怎样的不同，又有怎样的相同呢？支撑这些住宅的建筑精神，在今天依然存在吗？在靠近这些住宅去观察它们，用手去碰触它们，把自己沉浸在它们内部空间时，我能否真正理解名作之所以成为名作的原因？我也很想去听听，那些依旧沾染在建筑物各处的设计者的呼吸和细语。

因此，对于设计住宅的老前辈以及那些有如恋人般的住宅，我都想要如《舞会笔记本》中的女主人公一样逐个地走访。

母亲之家

这次巡礼之旅的第一个对象是由柯布西耶设计的"母亲之家"。它坐落在瑞士莱芒湖畔一个叫作柯尔塞的寂静乡村里。

建筑家柯布西耶在 1917 年怀抱着蓬勃的野心，从瑞士侏罗山中的故乡来到巴黎。当时他已经 30 岁了。这位充满变化、具有叛逆和不屈精神的近代建筑先锋，无视世人对他的冷淡评价，连珠炮似的发表了许多作品，而且这些作品都在大力推翻当时的建筑概念。由于想向建筑界和社会说的事情实在太多，柯布西耶一点也安分不下来。那个时候的他，不只是发表作品，还非常积极地从事启蒙性和煽动性的执笔活动。

1923 年，柯布西耶出版了堪称"近代建筑宣言"的《走向新建筑》一书，而这栋位于莱芒湖畔的母亲之家正好也在这一年开始动工。总之，柯布西耶以旭日东升的态势在建筑界登场，成了一个谁都要退让三分的前卫建筑领袖，他在建筑界的名声和地位从此

屹立不倒。

最初，柯布西耶把这栋母亲之家设定为双亲退休后的家，以日本的说法来说就是，它被设计为"隐居之处"。不幸的是，柯布西耶的父亲在搬入这里约一年后就去世了，而曾经是钢琴家的母亲则活到了 101 岁高龄，36 年间她一直住在这个家里。

在日本，刚独立创业的年轻建筑师最初都是从设计亲戚的住宅开始的，这是一件公认的事情（反正就是从亲戚之中找出第一个"牺牲者"），好像这在国外也是一样！柯布西耶在设计建造双亲的住宅时，也同时在给一位叫作阿鲁贝鲁的音乐家哥哥设计住宅。

如果您是一位敏感又容易担心的读者，读到这里心中会有一种不祥的感觉吧。柯布西耶这个人有野心、叛逆、具有煽动性，并且是前卫建筑的领导者，他要让亲戚成为"牺牲者"，这或许就是让您感到不安的原因。再代入有着这种建筑师儿子的母亲的角色，

考虑到这栋住宅的未来状况，您应该多少会有点儿忧虑，这确实是人之常情。

不过，请放心！柯布西耶不是那种无视居住者的需要，只知道把新奇感当作卖点的前卫建筑师。他非常了解人类的实际需求，也充分注意到市井小民繁杂的日常生活。在这样的设计基础上，他使得这栋母亲之家充满了愉快的构想，最后使其成为一栋既实用又可爱的小住宅。与此同时，以建筑学视角来看，这栋建筑也是一件让人瞠目结舌的前卫住宅作品。

试着在平面图中走走

柯布西耶预测和洞察了年迈双亲的寂静生活的细节，然后才专心地开始他的设计工作。他把"住宅是居住的机器"当作自己的信条，主张摒弃所有用不到的空间。这栋母亲之家的主题，就是将住宅真正必要的空间加以组合，找出令人舒适的居住方式。总之，柯布西耶在设计双亲的住宅时，追求的是"最小限度住宅"。对建筑师来说，这是一个普遍追求的主题。

或许这样说更接近实情：柯布西耶追求"最小限度住宅"的事情，在莱芒湖畔播种、开花、结果，于是就有了母亲之家。

对柯布西耶来说，把楼板面积压缩至可能的最小限度，似乎是一件相当重要的事情。在某张素描中，他记下了所有数据，玄关多少平方米、寝室多少平方米、客房多少平方米……就像日本人以榻榻米的枚数来计算住宅面积一样，最后他把这些数据加在一起。有趣的是，这么简单的加法他竟然还少算了 1

平方米。唉，为了控制面积，柯布西耶竟然做到了这种程度！

虽然追求最小限度的楼板面积很重要，但如何把这些功能分区组合起来无疑才是设计这栋住宅的关键。归根结底，将功能不同的分散空间联系、组合在一起，除了做好动线规划以外，没有其他方法了。

柯布西耶自己画的独具风格的动线素描，展现了这栋住宅的诸多魅力。如果不是邂逅了他这份优秀的素描，进而被其吸引，我也不会特地出远门来到莱芒湖吧！

读者们，希望您务必沿着柯布西耶在这张素描中画的虚线，在平面图中走一圈。另外，需要注意的是，柯布西耶在建筑上有一个关键词——"建筑散步"。

仅约 60 平方米的小住宅却不让人觉得狭窄的秘诀，其实就在于动线规划的好坏。这栋母亲之家没有行进的终点，而是有着无限的广度。现今的建筑家仍在谈论"洄游动

Ⓑ 庭院一角固定的混凝土桌子和切取莱芒湖景色的"风景窗户"。庭院变成了漂亮的室外起居室。

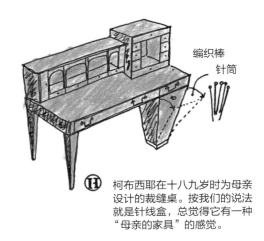

编织棒

针筒

Ⓗ 柯布西耶在十八九岁时为母亲设计的裁缝桌。按我们的说法就是针线盒，总觉得它有一种"母亲的家具"的感觉。

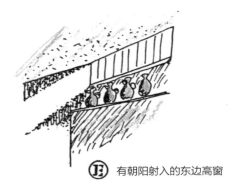

Ⓔ 有朝阳射入的东边高窗

Chaise Longue

Ⓘ 母亲在 101 岁生日时，柯布西耶送给她的躺椅。这把躺椅是柯布西耶与蓓里安女士在 1928 年共同设计的。

听说柯布西耶的母亲非常爱狗。

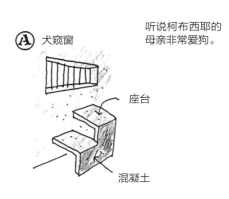

Ⓐ 犬窥窗

座台

混凝土

UNE
PETITE
MAISON
1924

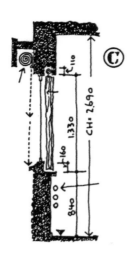

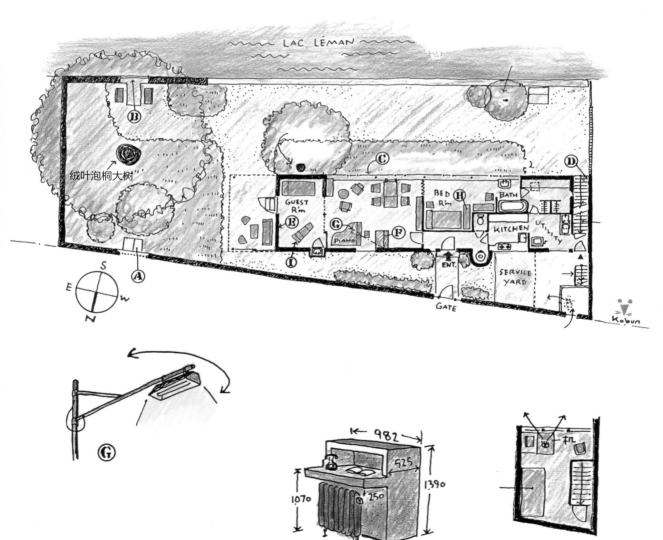

线"或者"可回转的动线",人家柯布西耶早在几十年前就已看穿这些是小住宅不可或缺的条件，并且将其加以实现了。

一旦实地按照前进的方向在住宅内部走走，便会发现一个个多姿多彩的场景。而且令我感到惊讶的是，这些场景充满了戏剧性的效果。不单单只是"可回转"这回事，我觉得这些设计背后仿佛流动着一种像是故事的东西。这种感觉只从平面图中是几乎无法体会到的。

从车辆川流不息的马路上走入鸦雀无声的围墙里，经由玄关狭窄的通道，走向广阔的起居室。客房沐浴在从东边高窗射进来的阳光中，穿过客房就是被称作庭院的屋外起居室。

让我们再度回到室内。在这里，一扇水平横长窗从起居室经寝室延伸到浴室，整个窗口布满了美丽到令人窒息的莱芒湖和阿尔卑斯群山的景色。一边欣赏景色，一边前进，便可以走到寝室向阳处的角落。

另一条动线朝向洗脸台和浴室的一角，不停地往前走，打开浴缸旁边的门，里面是储藏室兼洗涤烘干室。储藏室内，柯布西耶坚持不浪费一点空间的原则，以搁板对其加以分隔，这种做法实在令人佩服。右边门的里侧是洗涤室，在微暗的洗涤角落，自然光从天窗照进来。

厨房面对着明亮的接待庭院，如果考虑到接待客人，这里距离餐厅有点儿远。虽然这是个缺点，但这个厨房大小适中，工作起来很方便。从后门走到外面，爬上楼梯就是二楼的客房。从正门走出去，穿过最小尺寸的半套厕所和热水器房之间，就是先前的玄关了。

明和暗、宽和窄，空间自在地绞缠、开放、缩小、延伸、停滞、相互交流，由此产生了各种各样的场景。

现在，我完全能够理解柯布西耶所说的"建筑的散步道"了，这个说法即使在走空间这么小的步道时也是适用的啊！

巧妙的建筑构想

这栋母亲之家是建筑设计的宝库。因为建筑师和居住者是亲人，相互之间有着充分的信赖与理解，所以柯布西耶不用顾忌太多。于是他以悠闲和自由的心情，为其添加了许多温馨的建筑提案和设计构想。

例如，水平窗。

母亲之家靠近莱芒湖的那面墙上只有一扇窗户，不过这扇窗户的长度有 11.46 米。这扇被称为"缎带窗"的水平长窗，是柯布西耶为母亲之家准备的建筑"大餐"。当时住宅采用的是砖石建筑构造，挖一扇纵向较长的窗户并无问题，而要建造一扇横宽较长的窗户则不太可能。柯布西耶偏偏漂亮地打破了"窗户必定纵向较长"这种砖石建筑构造的常识，所到之处都切出一字形的长窗，这一点使他颇为得意。

据我所知，为了给予那扇窗户绝对的价值，柯布西耶在比例和细部的尺寸上耗费了许多心思。从好像漫不经心地装在悬垂壁[1]里

的窗帘盒子、手动卷式百叶窗的结构、有着突出部分的窗台，到一不留神就会忽略的细节部分，都可以看到柯布西耶的执着和精密计算的痕迹。

另外，我想这扇水平横长窗的最大功劳是，它带给纵深只有 4 米的房子一种充分而良好的居住感觉。只看平面图时，您应该会觉得身处于这样的住宅中就像漂浮在一个"宽广的走廊"里吧，同时还会有点儿害怕的感觉。但实际上，这里没有一丁点儿这样的感受，或许是因为长窗与墙壁的面积存在着绝妙的比例关系，整个房间让人感到非常平静和安稳。

1
悬垂壁是位于天花板之下，窗框之上的墙壁。——译者注

从道路这一侧看过去的感觉，一言以蔽之，就是"横长"吧！隔着道路的横长矮墙，以及好像倒下来的口红盒子的横长建筑物呈现在那里，白色的外墙给人的沉重感觉犹如锐利的刀刃。

位于莱芒湖这一边的，是柯布西耶引以为傲的水平横长窗。湖水水位的起伏导致外壁出现了裂缝，因此墙壁上覆盖着带横梁的马口铁板。

建筑物的东立面。左边是湖，右边是通向玄关的通道。矮墙将通道与车流量大的马路相互隔开。

为了让朝阳射入而设置的东侧高窗。屋顶只有这一部分加高了，这给这栋水平感很强的建筑增加了"高度"。

位于入口处的固定水泥制架子。摆躺椅的地方是柯布西耶母亲原来放钢琴的角落，我们可以看到上面有为钢琴设置的回转移动式、夸张且幽默的照明器具。

穿过石墙的开口部分，是一扇犹如画框一般切取了莱芒湖和对岸阿尔卑斯群山风景的"风景窗户"。

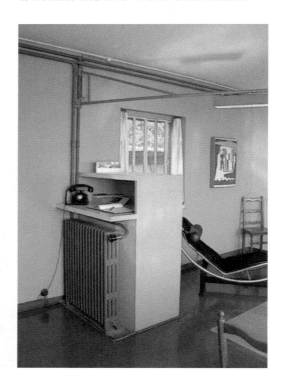

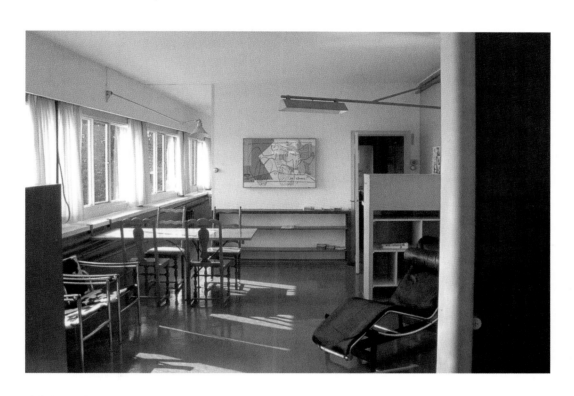

从客房看过去的起居室、餐厅。可因人数多少而改变大小的折叠式桌子，
以及从餐桌上方的墙壁上伸出的照明器具都是建筑落成时就有的，总之，
这些都是几十年前的旧东西。

不偷工、不疏失

每次参观柯布西耶设计的住宅时，我都会被那些只有在实际尺寸下才能看出来的细节部分所感动。说真的，那实在是非常细腻的工作。例如，柯布西耶早期的代表作萨伏伊别墅，远远望去，它看起来就仿佛只是在一个正方形的箱子上挖出了窗户似的窗台，但实际上柯布西耶在上面装置了防止外壁被弄脏、约有大拇指宽的小内桶，并且用吸管粗细的管子排水。我发现柯布西耶对这样的细腻工作非常在意，有时我也会被他那令人瞠目结舌的想象力所俘虏。这也有力地证明了，建造这种寿命短暂的实验建筑和被轻视的住宅，其实是一份不偷工减料的坚实工作。它不但要保持自己的风格，而且需要经受住时间的考验。

或许是基于同样的理由吧，厨房和水电等服务性空间也没有偷工减料的现象。行业内有一种令人困扰的倾向，即在建筑师群体中存在许多只关注外表样式和美观，忽视房屋内部的服务性空间的人。可是，在柯布西耶身上，我看不到这一点。我们在他的设计中经常可以发现他考虑得非常细致的地方。当在住宅内部看到一些在某种程度上可以称为"女性"或者家务的设计时，我不禁笑了出来。例如，在洗衣槽中有一个洗衣板的固定架，而且挖出了一个可以滤水的放置肥皂的凹槽，这真是一个主妇喜爱、用人欢迎的设计。在这栋住宅的"内部"，随处可见这种用心而亲切的设计。

我们如果观察住宅里类似于心脏的功能区域，也就是各种设备集中的"内在"区块，就会发现，若非在这个部分注入心血的人，是无法说出像"居住的机器"这样的话的！

在近代建筑巨匠的伟大评价背后，柯布西耶另有一张犀利的"家务观察家"的面貌，希望所有读者能将此事谨记于心。

其实不只是房屋内部，在院子里和屋顶上，都有柯布西耶引以为傲的地方。

与其称其为院子，不如将它称作屋外起居室，这里种植着能形成树荫的茂盛树木，而且摆放着柯布西耶擅长制作的固定桌子。围墙上挖取了一个眺望用窗口，从这里可以看到莱芒湖的美丽景色。这样的设计让我们再度认识到，这个庭院是个没有屋顶的房间。另外，还有一个微小的细节，与道路相隔的围墙墙头，只是稍微向内倾斜了一点，就带来了包围着庭院内部的效果。

屋顶花园算得上是柯布西耶"现代建筑五原则"[1]之一的拿手杰作。花园里土壤丰富，花草盘根错节。毋庸置疑，这种隔热效果当然也是在计划之内的。爬上屋顶看看，环绕在屋顶边缘四周的矮墙宛如船舷，让人感觉整座建筑物好像是一艘漂浮在广阔湖面上的船只。哦对了，柯布西耶是个极度喜好汽船的人！

1
柯布西耶的"现代建筑五原则"是底层架空、屋顶花园、自由平面、水平长窗、自由立面。——译者注

从庭院屋顶往庭院下面看。对比刚落成时的照片，当时只有手腕粗的绒叶泡桐，因为吸收了充足的日照和湖水，现在已经成长为令人惊讶的巨木了。

当作屋外起居室使用，位于客房前面的带有屋顶的平台。支撑屋顶的钢管的
垂直线与莱芒湖的水平线所形成的几何学结构，是柯布西耶所喜欢的样式。

庭院一角的"风景窗户"和固定的混凝土桌子。在这个地方吃下午茶想必
是一件很愉快的事情吧！

土壤丰厚、花草丛生的屋顶花园，是柯布西耶提倡的"现代建筑五原则"之一。眼前的窗户是客房接受阳光射入的高窗。

从屋顶上看莱芒湖和阿尔卑斯群山令人神清气爽的景色。柯布西耶写道："光还有空间，这个湖与那座山……请看，如同预想的一样美丽！"

屋顶楼梯。关于与邻家相隔的右侧墙壁的高度和形状，柯布西耶似乎与邻居协调了许多次。他留存的一些信件记录了这件事，信中还添加了素描。

人道的建筑家

道路旁边的围墙角落，有一个嵌着铁栅栏的开口部分，它好像是给小狗做的窥窗。爬上大约两级台阶，从这里向外窥视，可以了解外面世界的样子。这个设计是为了不让住在此地的狗变成没有见过世面的"井底之犬"。

另外，还有一个替野猫考虑的特别设计。在隔开邻家的高墙的中间部分，因为构造上的原因，有一条猫咪步道，并且在墙壁的前端设置了一个小平台，供野猫在这里眺望莱芒湖。本来这部分设计或许原本有建筑上的考虑，但是它先被用来当作野猫休憩的平台了。像这样连猫狗的居住场所都能绞尽脑汁去设计的建筑家，难道不能称其为人道的建筑家吗？

谜样的增建部分

在一张靠着道路边拍摄的外观照片中，可以看见房子右边的二楼部分。可是，那是个什么样的房间呢？二楼的平面图和照片等资料，不但找不到，甚至连个问的人也没有。对我而言，那部分成了一个长久的谜。

在这次访问中，我了解到那里是增建的给客人用的寝室。虽然说是让客人使用，但实际上，当柯布西耶夫妇来这里探望母亲时，这里也成了他们的寝室。据说，这处增建源于柯布西耶曾经有过的一次痛苦经历。有一次，他预定住在起居室旁边的客房，可是一到达母亲家，才发现已有客人捷足先登，没有办法，他只好搭乘最后一班夜行列车回巴黎。住在这附近的管理这栋房子钥匙的女士告诉我，这是增建的直接原因。

另外一个原因则是，在那个时候，房子前面的道路正在进行拓宽和位置变更工程，柯布西耶趁此机会开启了增建工程。这次道路拓宽工程，除了噪声之外，还使环境出现了明显的恶化，听说村公所因此招来了柯布西耶极大的谴责。在瑞士，取得建筑许可似乎颇为麻烦，可是即便如此，柯布西耶不但取得了增建许可，而且让村公所负担了门和围墙的工程费用。这个增建部分于1938年完成。

柯布西耶这个人，在和公务员打交道上，真是有一套啊！

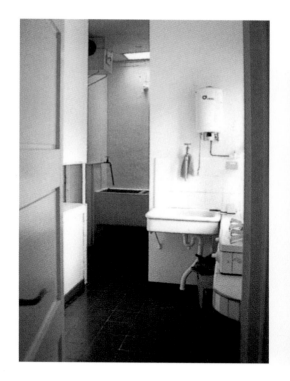

从玄关长廊处看到的厨房和家务间。这里清爽明朗，没有昏暗阴湿的"内部"的感觉。洗涤用的水槽上方的天窗可以让自然光摄入，这是柯布西耶送给母亲的礼物。

客房里收藏洗脸盆的橱柜。门打开，里面是镜子。我个人的看法是，柯布西耶偏爱洗脸盆。他总是在洗脸的设备上特别下功夫。

母亲寝室的角落。横长窗从起居室经过寝室，一直延伸至放置浴盆的浴室。

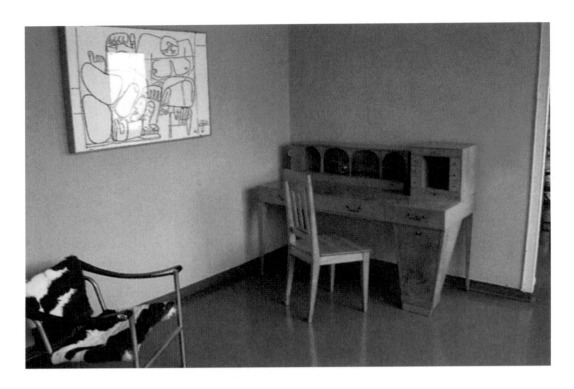

从浴室这一侧看过去的母亲寝室的角落。它与起居室之间没有门，只用布帘简单地隔开。古代风格的桌子其实也是柯布西耶年轻时的设计，这是一种裁缝桌。

柯布西耶笔下的素描。这幅素描讲述着这栋住宅的最大特征，也就是具有洄游性的"回转计划"。

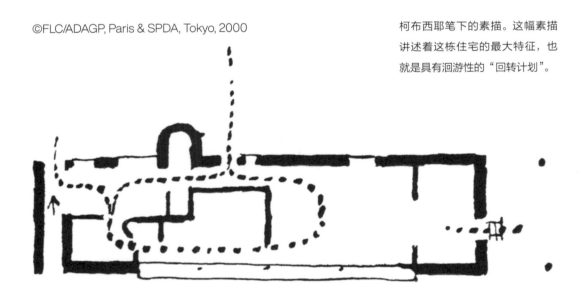

小屋

这件魅力非凡的小住宅杰作，知道它的人应该很多吧。后来它变成了《小屋》这本书。书的大小如同明信片，并且只有差不多80页。

第一眼看去，这本小书可能被认为只是一本朴素的书，有一些陈旧的黑白照片，再加上简单的解说而已。但实际上，它的内容十分丰富，并且它是一本颇具内涵、十分有趣的书。这是理所当然的，因为这本书的解说和排版可都是柯布西耶本人亲自操刀的！

柯布西耶在画好平面图之后，耗费了很长的时间来寻找适合它的建筑用地。在莱芒湖畔所找到的地点，有一种"仿佛手放入手套里一般的密合"的感觉；还有独创的建筑新设计，以及这栋住宅的外墙上所发生的不可解释的现象等，还有……不，还是不说了吧！想了解与这栋住宅相关的各种各样的小插曲、小故事，您直接读这本小书，听听柯布西耶那独特的语言和口吻吧！

（1995 年 8 月）

增建部分寝室内的样子。这里的天花板很低矮，因为以建造起居室的名义申请修建，获得许可的可能性很小，柯布西耶便改以建造果物贮藏所的名义申请。为了走到这张桌子前，还得登上 50 厘米高的台子，这当然是为了眺望莱芒湖。

后门附近的招待庭院。右边的空间
用来取出从道路那边放入的煤炭。

面向位于增建的寝室中的桌子，眺望莱芒湖。

菲利普·约翰逊 Philip Johnson
（1906—2005）

　　1906 年，菲利普·约翰逊出生于美国俄亥俄州克利夫兰，是一位富裕的律师之子。他在哈佛大学攻读了哲学，然后自 1932 年起以管理者的身份活跃于纽约近代美术馆。在这段时间里，约翰逊和亨利·拉塞尔·希契科克（Henry Russell Hitchcock）共同出版了堪称"近代建筑赞歌"的《国际风格》（The International Style）一书。1940 年，他再回到哈佛大学建筑研究生院就读，毕业后转而从事建筑设计。约翰逊在 43 岁时发表了第一个建筑作品玻璃屋（The Glass House）。之后，他以让人目不暇接的速度不断改变风格，创作了许多成为话题焦点的作品。同时，他还以直言不讳的锐利建筑评论风格，成为教父级的人物。

　　约翰逊的代表建筑作品有城市住宅、玻璃屋自宅系列、纽约州立剧场（New York State Theater）、水晶大教堂（The Crystal Cathedral）、美国电话电报大楼（AT&T Building）；著作有《国际风格》《菲利普·约翰逊著作集》等。

菲利普·约翰逊的城市住宅

美国 | 纽约 | 1950 年

在左右完全对称的正面中央，有一扇高大的麦芽糖色的木制大门。到底什么样的人、有多少人，会经过这扇门进入住宅内部的世界呢？

玄关门的上面部分。所有的细部都经过了约翰逊的检查，没有偷工减料，也没有疏忽。为了迎接夜间来访的客人，上面的门框装设了约 6 厘米宽的照明设备，灯光轻柔地照着大门。

城市住宅被夹在两侧高耸的建筑物中。感觉它好像是被夹在着装考究的人之中的穿着普通的人，一不留神就有可能错过它。

"怪物"

菲利普·约翰逊是建筑界的长老级人物。从数年前开始，就有各种传闻，说他健康状况很差，又说他经过心脏大手术后正处于危险状态。岂料在那个时候[1]他竟然奇迹般地复原，又回到了工作岗位上。

例如，某一年的秋天，约翰逊一度非常衰弱，甚至传说在他自宅附近停留着 24 小时待命的救护车。可是，后来这位重病之人不但完全恢复了元气，而且在位于曼哈顿的办公室内，不用拐杖，迈着稳健的步伐走来走去。

有一次，我在一个建筑师的聚会中谈起了这件事，一位非常了解约翰逊的人耸了耸肩膀，说道："这个人，简直像是不死的怪物……"

回顾约翰逊这个人的经历和成就，再将他那所谓不受常识框架规范的、风格独特的性格（他自称是奇特的建筑师）一并考虑的话，也许"怪物"这个词确实很符合这位建筑家！

提及约翰逊这个人，许多读者首先浮现在脑海中的应该是他的自宅玻璃屋吧！玻璃屋是约翰逊初出茅庐之作，也是让他一举成名的作品，完成于 1949 年，那时他 43 岁。

在这里，我先简单地介绍一下约翰逊的经历。

约翰逊最初在哈佛大学攻读哲学，之后在欧洲度过了安逸的游学生活，返回美国后在纽约近代美术馆担任管理者。不过，为了从建筑评论转向建筑设计实务，6 年后他辞去了该职务，再次进入哈佛大学建筑研究生院学习。据说，在这次的学生时代，他曾建造了一栋住宅供自己住，还邀请教授到家里

1
本书日文原版最早于 2000 年出版，约翰逊于 2005 年逝世。——编者注

参加他举办的鸡尾酒会。教授们遇到这种傲慢的学生，想必很头痛吧！

在成为建筑师之前，约翰逊绕了许多弯路，尽管如此，他的家境却让他没有任何经济压力，他的父亲是位著名的律师。我对此的看法是，因为他根本不用担心金钱方面的事情，所以特地稍微绕了些远路，让自己焦急一些，同时也让自己慢慢地靠近建筑。

这样一来，作为建筑师，约翰逊在起步上确实稍微晚了些，可是就在发表玻璃屋的时候，他悠然地坐上了世界建筑界先驱者的位置，仿佛这是他早已预约好的指定座位。

之后 50 年，均是如此。

约翰逊持续地居于先驱者的位置，引领着整个建筑界和时代前进。

我想，光凭这件事，约翰逊就十分适合"怪物"这个称号。另外，综观他超过半个世纪的作品群，我们会先被数量吓到，接着又惊讶于那些建筑物的规模和多样的用途，以及那些变幻莫测、层出不穷的风格。

《国际风格》这本书出版后，约翰逊真的在大力推崇近代建筑吗？大家刚开始这么想的时候，他一转身，又沉溺于飘散着浪漫主义气息的古典建筑，由此设计出运用现代技术的巨大玻璃帷幕教会建筑物。但是如果您以为他正沉溺于浪漫主义时，他又在建筑物的顶部装饰了后现代主义风格的如墓碑一般的东西。像这样的设计安排，这种多变的作风和想法，以我们平凡人的脑子，是一点也无法预测到的呀！

建筑家矶崎新先生曾说，约翰逊不是"怪物"，而是建筑界的"滑稽演员"。

站在起居室的暖炉前，看向玄关的方向，可以看到橱柜成为玄关的遮蔽物，以及橱柜、楼梯的墙壁、黑色花岗岩的搁板等错开配置的模样。

橱柜原本应该被当作放置外套的衣帽间，现在成了宴会用的迷你厨房。

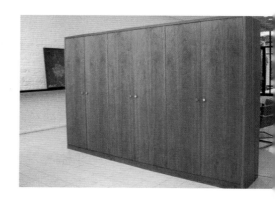

分隔玄关大厅和起居区的屏风，兼有储存东西的功能。高度 2.1 米，空间在视觉和意识上做了连接，右侧的间隙是通往餐厅的路。

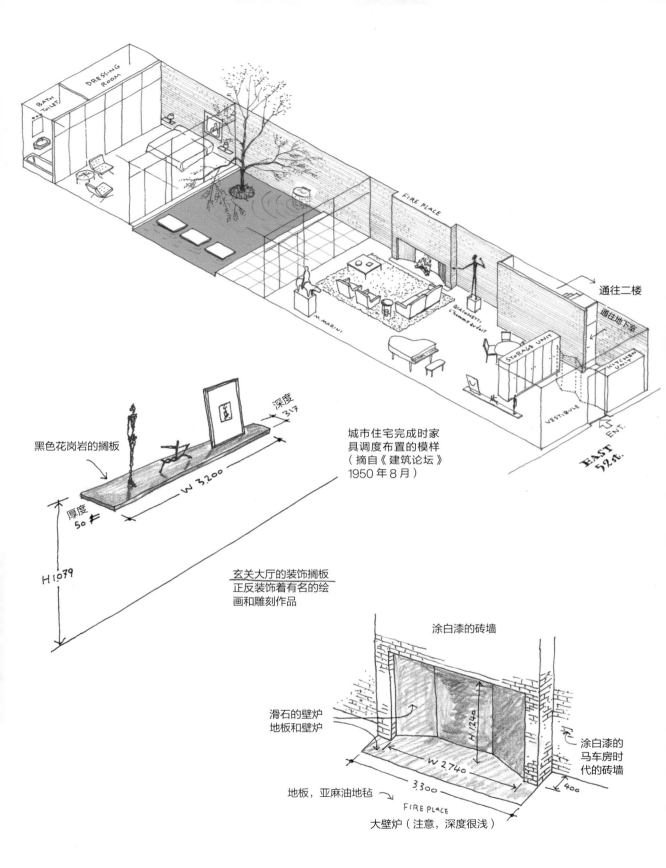

BATH & ToiLET

DRESSING ROOM

FIRE PLACE

M. MARINI

GIAcOMETTI L'homme qui doit

SToRAGE UNIT

KITCHEN UNIT

VESTIBULE

ENT.

EAST 52st.

通往二楼

通往地下室

黑色花岗岩的搁板

深度 317

W 3.200

厚度 50

H 1079

城市住宅完成时家具调度布置的模样（摘自《建筑论坛》1950 年 8 月）

玄关大厅的装饰搁板
正反装饰着有名的绘画和雕刻作品

涂白漆的砖墙

滑石的壁炉
地板和壁炉

H 1.240

W 2.740

3.300

FIRE PLACE

涂白漆的马车房时代的砖墙

400

地板，亚麻油地毡

大壁炉（注意，深度很浅）

城市住宅

约翰逊的自宅玻璃屋，有如美丽的雕刻品，坐落在美国康涅狄格州新迦南的一片宽阔的草地上。这片被森林包围的建筑用地上，除了玻璃屋以外，还有 9 座建筑物。

约翰逊曾说："建筑师是在非实用性建筑上建造出最佳作品的人。"而这个建筑群是他私人的，也可以说是非实用性建筑的收藏品，是他耗费 50 年的岁月和庞大的经费，直接按照自己在建筑上的兴趣所建造出来的东西。因为在建造这些建筑时他分次买进土地，所以这块建筑用地从最初只有约 2.3 万平方米，最后扩增到现在的 19.8 万平方米左右。

幸运的是，在这位变幻莫测的"怪物"身上，我们依然可以看到他天真的痕迹，就像一个热衷于在自宅的土地上建造树屋的少年。因此，就算是我，也能与潜藏在每一栋建筑里的纯粹的建筑梦想产生共鸣，进而玩味它，并由衷地欣赏它。

从坐落在这里的玻璃屋到最新的"访问者的楼阁"，我都已经预定去访问它们，用眼睛仔细地端详一番。这次我要介绍的是与玻璃屋几乎同时完成，位于纽约曼哈顿正中央，由约翰逊设计的另一栋住宅——城市住宅（Town House）。

这栋住宅通常以约翰·洛克菲勒（John Rockefeller）夫人的"高级招待所"之名为世人所熟知。不过，据说洛克菲勒夫人定制这个"高级招待所"的部分原因是她希望有个类似于沙龙的空间，以便能够优美地展示她引以为傲的现代雕刻收藏品。因此，在委托约翰逊这件事的时候，她首先给他看的就是这些收藏品的清单。

接受委托后的约翰逊，对这栋夹在两栋大厦之间、原本放置旧马车的小屋进行了彻底的改造，只留下一面旧墙壁，其他部分全部打掉重做，最后建成了一栋非常现代且兼具都会风格、带有中庭的住宅。

内部建筑

在一次访问中，约翰逊说道："我把自己设计的建筑，分为'外部建筑'和'内部建筑'两大类。"

按照这样的分类法来看，玻璃屋当然是"外部建筑"，而城市住宅明显是"内部建筑"。

位于曼哈顿中心地带的城市住宅，具体地址是东 52 街 242 号。从坐落于西 53 街的纽约近代美术馆走路过来，差不多就只需要花 10 分钟而已。

夹在高耸的大楼之间，建筑物只有面对道路靠南面的一小部分比较低。这栋城市住宅的"外侧"就这么简单，总之，这栋建筑拥有一个不像外观的立体外观。

城市住宅的正面被分割为两部分，上半部分是玻璃，占整个正面面积的 3/5，剩余的 2/5 下半部分是砖墙。在砖墙的中心，有一扇宽 1 米、高 2.7 米的漂亮木门。如果靠近点仔细观察的话，就会发现框在砖墙壁面

和玻璃板面外缘的钢筋细部，以及在玄关门框顶部小间隙里安装的照明设备等。由此可见，这栋住宅并非寻常的东西啊！

可是，倘若从住宅前面经过，只看一眼，它的外观可以说是非常平淡，仿佛在板着脸。当然，这也反映了约翰逊的设计构思。不过，一旦推开橡木门，里面就会有一个全然不同的世界在等候着您，这才是他的真正意图。

接着，我们就渐渐进入"内部建筑"的内部了。

诚如前面所说，这里原本是一间小马车房，一个横宽 7.5 米、纵深 30 米的细长方形空间，两侧被建筑物夹着。一般来说，开口狭窄、纵深较长的城市房屋，很难确保良好的日照、采光及通风，若要提高居住质量，必须下更多的工夫。而在这个问题上，不论古今中外，仿佛约定好了一个相同且有效的解决方法。

那就是中庭。

虽然与日本京都市区房屋内的坪庭[1]的门不大一样，但无论如何，城市房屋配上中庭的手法，都产生了非常好的效果。

理所当然，约翰逊在这栋城市住宅中也采用了中庭的设计。一开始，他把长方形的建筑用地分割成大中小三部分。在大约中间的地方，设置了覆盖着浅水池的"小庭"，并以此分开两边，靠近外面的部分是起居室和餐厅，靠近里面的部分是寝室。

之后，约翰逊所做的事情是，把马车房时代留下的两侧的砖头涂成白色，并将其直接用作内壁；建造地下室和二楼；使用与旧墙壁相同手感的砖头，在起居室墙壁的某一部分建造壁炉；故意把精心设计的照明设备弄得不显眼。

接着，约翰逊又特别搭配了经过设计的家具，在适当的地方摆上阿尔贝托·贾科梅蒂（Alberto Giacometti）和马里诺·马里尼（Marino Marini）的雕塑名作，在墙壁上装饰了精心挑选的现代绘画等。

如果问约翰逊对这栋住宅做了什么，就只有这些啦！可是，这是多么高雅、多么才华横溢的"只有这些"啊！这栋住宅正是因为"只有这些"而成为住宅史上光辉的杰作。

20世纪初的建筑家埃里克·门德尔松（Erich Mendelsohn）曾说："建筑家因套房建筑而留名。"说真的，让我深深地记住约翰逊这位建筑家的原因，就是他的两栋建筑物，一是有如套房的玻璃屋，二是这栋城市住宅。

1
坪庭，日式建筑物内的私人园林庭院，因最大面积不超过1坪（约3.5平方米）而得名，主要是为了建筑物内部的采光、通风而设置。——编者注

从玄关大厅看起居室。位于隧道状空间半途的中庭，采光和通风效果到底如何呢？从这张照片中应该可以了解了。

从寝室越过中庭的池子看起居室。右边是与花园平台的地板一样材质的踏脚石，墙壁上爬着常春藤。与日本坪庭的阴湿感觉不同，这个坪庭明亮干爽。

面对池子的花园平台。从照片和平面图上完全无法想象，站在乳白色玻璃屋顶覆盖的檐下空间时的感觉有多好。据说，在炎热的夏夜，灯光笼罩着从雨篷降下的人工雨的场景非常有趣。

"布置"与"连歌"

城市住宅自完成以来，至今几度易主。当时的洛克菲勒夫妻在这栋住宅里愉悦地度过了8年后，将其捐赠给纽约近代美术馆。后来，美术馆不知出于什么原因又把它卖掉了。有段时间，约翰逊自己为了与合伙人戴维·惠特尼（David Whitney）住在一起，也承租过这栋住宅。

现在的屋主是英国画商安东尼·德奥菲（Anthony D'Offay）先生。而此次"巡礼"的经过是这样的：我先通过朋友介绍认识了住在纽约的安田稔先生，安田与德奥菲相识已有一段时间，于是我的"巡礼"就这么顺顺当当地实现了。

这位德奥菲先生把这个地方用作非公开的私人画廊和办公室。因为这里的地板、墙壁、天花板都以白色为基调，所以它像一块被挖空了的豆腐，是一个简洁的盒型空间。与其说它是住宅，不如说它是一个具有画廊特质的空间。总之，虽然这是一种非常符合理想的转

用，但是在不了解该住宅历史的人的眼中，它绝不会被认为是当作住宅来建造的。

我一踏入室内，马上就感觉到，这个空间仿佛拥有一股包容访问者的庞大力量。天花板比我猜想的高了许多，足足有房屋横宽的一半，也就是3.6米高。这栋建筑物占满了整个建筑用地，横宽和纵深早就是固定的了，所以在设计方面可以决定尺寸的只剩下天花板的高度了。

可是，在考虑到可能举办人数众多的宴会和雕刻品的摆设等事情之后，我觉得这个天花板的高度并没有什么特殊的理由，感觉它就是根据第六感决定的。虽然我没有什么特别的证据，也是用了我的第六感而已，但是我的直觉告诉我，天花板准确的尺寸决定了这栋住宅良好的居住感觉。居住感觉这种东西，只有靠着动物的第六感才能感受得到，而身为建筑师的我，正打算好好地去体会一下。

这个地方现在正被当作画廊使用，室内只有简单的桌子和椅子，到处都精心展示着现代艺术的作品。

这样的室内让人感觉有点儿煞风景，而且光溜溜的，不过反过来说，这栋建筑物的空间结构却因此而完完全全地展现了出来。这里没有多余的物品，置身于这个空间的人，直接面对的是有如美丽废墟的空间和潜藏在那儿的建筑精神。

我的脑海中浮起了这栋住宅刚落成时的照片，进而是我所熟悉的那些家具以及它们的摆放位置，还有安放的雕刻品、装饰的花卉、人们谈话的声音和宴会酒杯相碰的嘈杂声。我试着把这些印象重叠在这个空荡荡的室内，转眼间，我感觉这个房间好像苏醒了过来，整个地方都生动活泼了。

我的这种想象，牵涉的就是"布置"这件事。就如同丰臣秀吉和千利休在茶道上相处融洽一样，"布置"也并不是要建筑师和居住者彼此相互严厉责问。

或许这栋城市住宅的委托人和建筑师的关系，就像是连歌[1]世界的"和句"。约翰逊所安排的空荡荡的空间是第一句，而那个"布置"就是附和句。我想，约翰逊是打算用建筑和艺术的语言，与洛克菲勒夫人一起欣赏知性和感性的连歌吧！

"布置"和"和句"这种日式语言的联想并非只是我牵强附会，因为在这栋建筑物的设计手法背后，其实可以感觉到日本文化强大的影响。

例如，进入玄关大厅，位于左边的黑色花岗岩的搁板，就带有日本式地板边缘那种脚踢板的痕迹；用来扩散天花板上聚光灯所射出的光线的百叶窗面板，则像是炕炉上方天棚的变形。

接着，在这栋住宅中，最让人感觉到有日本味道的是面对中庭水池的露台的檐下空间。一边静静地听着喷水池的水声，一边伫立在不可思议的明亮空间中，看着皂荚树的枝叶在无声的风中微微摇动的样子，我竟然落入了不可思议的错觉中，好像坐在禅寺的外廊，望着禅寺的庭院一般。另外，在这栋建筑物里，到处都有令人惊异的、巧妙且充满魅力的建筑构想。例如，分隔玄关大厅的室内屏风，即高2.1米的胡桃木橱柜，不但在大门打开时不会让人直接从街道上直接看到室内，而且当厨房侧边的折叠门全部打开的时候，它就变成了一面可以创造出独立厨房空间的墙壁（很可惜，那套厨房设施已经拆除，厨房则移到了地下室）。拜这个橱柜和这扇折叠门所赐，访客不会感觉到厨房的存在，而且在不知不觉中就被迎进了起居室的空间里，整个结构就是如此巧妙。

1

连歌，日本联诗的一种，由两位或多位诗人轮流造句，联成一首诗。——译者注

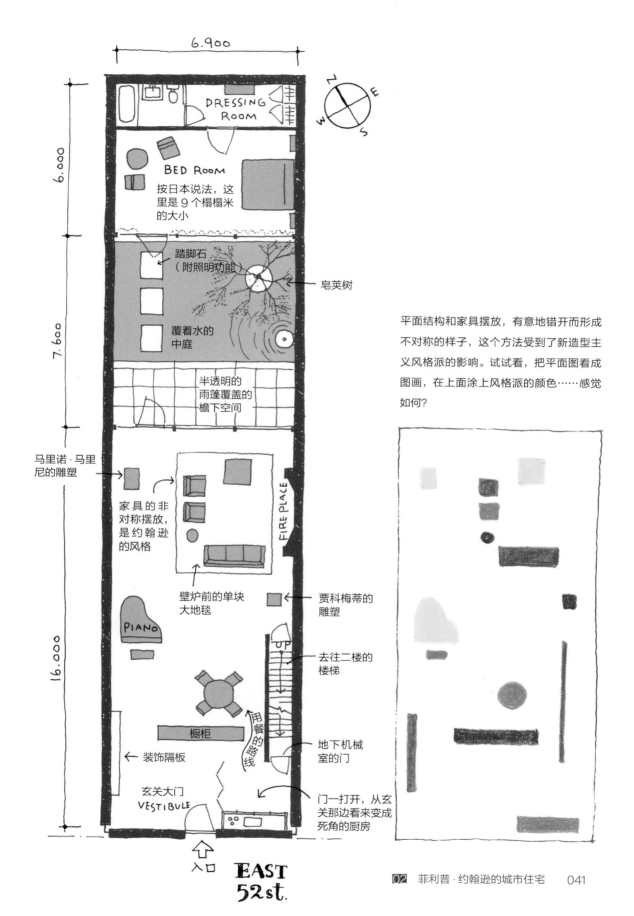

6.900

6.000

7.600

16.000

DRESSING ROOM

N E W S

BED ROOM

按日本说法，这里是 9 个榻榻米的大小

踏脚石（附照明功能）

皂荚树

覆着水的中庭

半透明的雨篷覆盖的檐下空间

马里诺·马里尼的雕塑

家具的非对称摆放，是约翰逊的风格

FIRE PLACE

壁炉前的单块大地毯

贾科梅蒂的雕塑

PIANO

去往二楼的楼梯

橱柜

用餐的路线

装饰隔板

地下机械室的门

玄关大门
VESTIBULE

门一打开，从玄关那边看来变成死角的厨房

入口

EAST 52st.

平面结构和家具摆放，有意地错开而形成不对称的样子，这个方法受到了新造型主义风格派的影响。试试看，把平面图看成图画，在上面涂上风格派的颜色……感觉如何？

从铁楼梯爬上二楼的屋顶所看到的景象。建于大楼中间的城市住宅，建于住宅中的小庭院，那里充满了奇妙的想法和设计。这栋住宅有如俄罗斯套娃。

暂时不看中庭，突然抬起双眼，我注意到这里是大楼的中间。茶褐色的砖头、装在墙面上的铁质楼梯，不用怀疑，这里就是千真万确的纽约正中央。

这里是为了雕刻、绘画、生活而设计的住宅，当然与艺术非常搭配。在寝室中，放置着受里特维德影响的唐纳德·贾德（Donald Judd）制作的"桌子"和"椅子"。

去往寝室的通道，也值得大书特书一番。沿着摆在池中的踏脚石前行，即可到达寝室。可是，究竟要如何表达这个奇特点子的特殊之处呢？

这样的设计让起居室和寝室之间，产生了充分的心理上的距离，同时也能够大幅地提高个人隐私的安全感。

另外，"家中有座别墅，要回那边睡觉"这种戏剧般的安排，仿佛抓搔着记忆中小孩子一般的游戏之心，从而散发出酸酸甜甜的香气。

还有一个挖空约翰逊心思的设计，那就是在这些踏脚石下面装置了在夜间照射水面的照明设备。他竟然连这么细微的地方也照顾到了，真不简单啊！

总之，我在这座建筑物内部绕行时，心中萦绕的是"洗练""优雅""纯粹""奢华"等字眼。

是的，如果不慎重选择字眼的话，似乎无法向读者传达这栋建筑物的本质。请把这些关键词放在心中，同时浏览照片和图片吧！

在这栋住宅里，建筑之所以成为建筑的不可或缺的要素，被压缩至最小限度，并且被发挥得淋漓尽致。

学习建筑的唯一方法

　　我在参观这栋住宅的时候，耳边不断地响起《菲利普·约翰逊著作集》里的一些话。

　　"我认为在我的艺术中只有一个伟大的成就，那就是为人建造住所。"

　　"为了充分发挥住宅功能而做的设计，一旦失去了美丽的创意，它就不再是建筑了，而只不过是一堆有用处的东西的集合体罢了！"

　　"好的建筑是要花钱的。所谓的文化，就是借着花了钱的建筑而被记住的东西。"

　　"建筑和音乐一样，必须是能触动灵魂的东西。"

　　还有——

　　"学习建筑的唯一方法是，出门到那个地方去，置身在那栋建筑之中。"

　　我完全遵从了这个忠告。现在，我置身在这个忠告的"始作俑者"所设计的建筑之中，觉得非常愉快。

带我飞往月球

拜访城市住宅告一段落之后的一个晚上，我无意中仰望清澈的夜空，看到了悬挂着的农历十六的月亮。独自一人在饭店的窗户处眺望，实在浪费了这美丽的明月。

突然，好像天启一般，我想起了那天是星期五，当天在纽约近代美术馆有一场爵士乐现场演奏会。

想到这儿，我便坐立不安了，立刻决定让自己稍微放纵一下，于是叫了出租车，急急忙忙地赶往会场。

对于居住在高楼林立的环境中的纽约客来说，近代美术馆的中庭给他们提供了有如绿洲一样的休息场所和寂静的时间。这其实也是约翰逊的设计之一。面对着中庭的花园音乐咖啡厅，是"爵士夜"的会场。入口附近酒瓶罗列的临时吧台，完全烘托出了周末的爵士氛围。

八成是配合月夜的选曲吧，那天晚上的演奏会以一曲《带我飞往月球》(*Fly Me to the Moon*) 轻快地展开。我坐在一个靠中庭侧边的位置上，同时沐浴在月光和现代爵士乐的"阵雨"中。一时间，我的脑海中不由分说地浮起了城市住宅的中庭，那照射进来的月光、泛着微波的池水上静静摇曳的月影，以及在那儿举行的高雅派对等。

参观城市住宅时，反射在中庭水池的闪烁阳光，俘获了我的心和眼睛；还有映在涂着白色油漆的砖墙上从白色渐变到灰色的自然光的层次，都尽情地展现了出来。

可惜，我的拜访只限在白天，我无法沉浸在那个由自然光与经过绵密计划的照明设备所酝酿出来的夜晚氛围中。

约翰逊为了不让创意设计显得太醒目而做了细心的安排，可是，借着这些精心设计的照明设备，夜晚的城市住宅将显现出什么样魅惑的表情呢？踏脚石的照明，会带来怎样的奇幻效果呢？

以极致照明效果为目标的城市住宅，也

可以说是为了夜晚而设计的吧！

想到"昼"与"夜"这一对反义词，一瞬间，米开朗琪罗替美第奇家族所做的《昼》《夜》雕像的幻影，好像电影倒带一样，横过我的脑海，又随即消失了。

"没错！喜欢考证的约翰逊一定是企图为洛克菲勒家族，也就是20世纪的美第奇家族，建造一栋名为'昼与夜'的住宅啊！"

突然的灵光一闪，让我不禁微笑了起来。

可是，假如这个灵光一闪的假说是正确的，那我只看到了"昼"这一部分，也就是说我只看到了这栋建筑物的一半！唉……

心情嘛，肯定是闷闷不乐。不过，现在懊悔也没办法了呀！

"总之，这回有了一个再来参观一次的借口了……"我头脑一转，还是把注意力集中在越来越热烈的爵士乐演奏中吧！

（1977年10月）

阿尔瓦·阿尔托 Alvar Aalto

（1898—1976）

　　1898 年，阿尔瓦·阿尔托出生于芬兰库奥尔塔内（Kuortane）。1921 年，他在赫尔辛基理工大学学习建筑后，到阿尔维多·皮耶鲁凯事务所工作。1923年，阿尔托在于韦斯屈莱（Jyvaskyla）开设设计事务所，积极地参加各种设计竞赛，获得了许多奖项。早期的维堡图书馆（Vyborg Library）和帕米欧结核病疗养院（Pairnio Sanatorium），就是他在设计比赛中获得的工作。尽管阿尔托来自芬兰这个偏远的地方，但他充满柔和情感的有机建筑物，即使在现在的世界中，依然有很多支持者。另外，他使用当地白木所制造的家具、照明器具、玻璃器具等，也有很多忠实爱好者，现在仍在生产中。

　　阿尔托的主要作品有科耶塔罗（Koetalo）、帕米欧结核病疗养院、玛丽亚别墅（Villa Mairea）、珊纳特赛罗市政厅（Säynätsalo Town Hall）、芬兰大厦（Finlandia Hall），阿尔瓦·阿尔托博物馆（Alvar Aalto Museum）等。

阿尔瓦·阿尔托的科耶塔罗

芬兰 ｜ 穆拉特赛罗 ｜ 1953 年

白夜

不知从何时起，我对"白夜"这个词很憧憬。

低角度的阳光照射进针叶林，树木长长的影子躺在地面上，渐渐地，一个清冷寂静的夜晚降临了。川端康成的名句"夜的底色变白"，让我想起的不是"雪国"，而是北欧夏天的夜晚。

由于这种憧憬，我暗自在心中发誓，如果要去北欧，就选在可以体验白夜的夏至前后。于是，芬兰之行终于在这个初夏得以实现了。

晚上，10点30分。从赫尔辛基中央车站出发，已有两个半小时了。特快列车在白夜之中穿过森林，渡过湖水，目送着在牧草地上吃草的牛群，朝向芬兰中部的城镇于韦斯屈莱前进。打从日本出发之前以及在巴黎等待转机时，我就一再反复思考，决定搭乘夜行火车，直到抵达最终目的地。

到了这里，一切都如同之前所预想的，可是……

这里本来应是清清冷冷的白夜，却出现了百余年来未曾有过的气象异常——令人难以置信的酷热天气。

始终不下沉的太阳，虽然看起来像个普通的夕阳，却毫不留情地把张牙舞爪的光线射入车内。我很想打开窗户，让外面的风吹进来，但很遗憾，北欧列车装置的是内开型窗户，只能打开一个小缝。因此，车内有点儿像蒸气浴室，总之，这辆特快列车已变成"特快桑拿号"列车了。

一开始，乘客们还用手帕或手中的杂志扇着风，现在都已经没了气力，眼神涣散，窝在座椅内，显现出一副精疲力竭的模样。我斜眼看着他们，其实自己也处在不太好的状态中。从成田机场出发到现在已经过了28个小时，我疲惫的身体早就在渴求柔软的床和枕头了。因此，一旦我放松下来，就可能不在乎服装好坏，直接躺在地板上立刻睡着了。

那个推着载有冰啤酒的手推车的女服务生，脸颊上长着有如毯子的细毛，像极了白桃。我总是以祈求的心情等候着她的出现，期望她为我解决酷热的窘境。

或许是因为旅行者的智慧，或者说是生存本能，我的身体比思考能力低下的大脑更清楚地知道，消除疲劳和酷热白夜的方法，除了喝芬兰产的考夫牌啤酒，别无良策。

"实验住宅"

我的这次北欧之旅，当然没有理由只是为了白夜。这次旅行最大的目的，就是参观芬兰的伟大建筑家阿尔托的夏季别墅科耶塔罗。

第二天依然是酷热的白夜，我首先拜访了阿尔瓦·阿尔托博物馆。

今年春天，我为了取材去了趟意大利，由于计划上的不周密和联络上的不畅通，我遭遇了徒劳往返的痛苦经历。这一次，我不愿重蹈覆辙，于是慎重地在日本用电话和传真与博物馆馆长鲁拉女士联系，并敲定了访问和取材的事宜。

我比约定的时间早到了会儿，在向柜台说明来意后，大略地参观了一下这座博物馆。其实它是阿尔托晚年的作品，是一座外观和内部都以白色为基调的清爽的建筑物。不过，坦白地说，这座建筑物太过于清淡、整洁，与我期待中的阿尔瓦·阿尔托式的浓稠味道相比，它的味道太淡了。

"阿尔托这种层次的建筑家，心境也会随着年龄的增长变得淡泊吗？"在我感到些许寂寞而自言自语的时候，鲁拉女士堆着满脸爽朗的笑容，穿着长长的黑色连衣裙出现在我眼前。

带点灰色的蓝眼珠，黑色的短发，笑容里依然残留着少女的痕迹，身躯娇小的鲁拉女士感觉像是一位日本女性。"本来我想开车载你们去穆拉特赛罗（Muuratsalo）的啊！"与我第一次见面的她，用对待朋友的口吻说道。

我们的目的地——阿尔托的别墅科耶塔罗，位于漂浮在派延奈湖的穆拉特赛罗岛上。由于一个紧急会议，鲁拉女士不能与我们同行，这个会议好像是博物馆为了迎接明年阿尔托100周年诞辰所举办的纪念会，所有的馆员都忙得像无头苍蝇一样。

就在等候那位代替鲁拉女士引导我们前往别墅的青年人时，她告诉了我以下有关科耶塔罗的有趣的秘密。

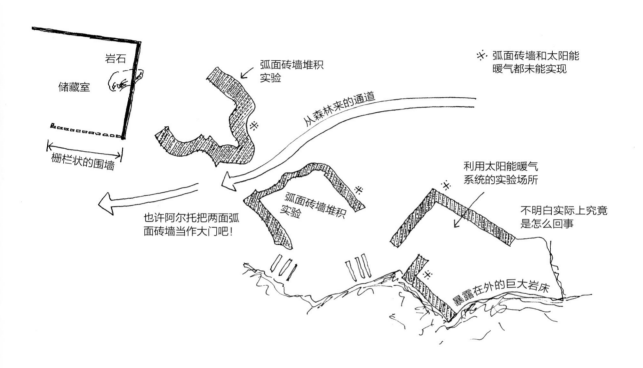

岩石

储藏室

栅栏状的围墙

弧面砖墙堆积
实验

从森林来的通道

也许阿尔托把两面弧
面砖墙当作大门吧！

弧面砖墙堆积
实验

弧面砖墙和太阳能
暖气都未能实现

利用太阳能暖气
系统的实验场所

不明白实际上究竟
是怎么回事

暴露在外的巨大岩床

在芬兰语中，"科耶"是"实验"的意思，"塔罗"是"家"的意思，所以"科耶塔罗"就是"实验住宅"。例如，阿尔托在这栋住宅面对中庭的一面墙壁上，做了堆积各色各样的砖头和粘贴瓷砖的实验；而在增建的部分，他也做了不打地基，直接将地板横梁置于岩床上的实验等。的确，在这里可以见到他做的许许多多的实验。鲁拉女士说，科耶塔罗让人感觉到，阿尔托在有意地向世人显示，这是一栋"正在做实验"的住宅。原因是，芬兰这个国家税金很高，而像别墅这种奢侈品，更是需要特别支付高额的税金。因此，有个小故事是说，在建造这栋别墅的时候，阿尔托已经是很有名的建筑家了，他以"实验住宅"可以提高芬兰建筑品质而应予以免除税金为理由，非常认真地与税务机关进行了洽谈。别墅的名字嘛，就是"科耶塔罗"呀……

"他就这样顺利地获得了免税吗？"我问道。她摇摇头，接着恶作剧似的对我眨眨眼睛。

"接下来的故事才是经典。税务机关的工作人员委婉地劝说阿尔托，像你们这种层级的人才应该……结果，他还是按规定缴纳了全额的税金。你想想看，对手可是身经百战的税务机关啊，像建筑师这种追逐梦想的人，从一开始就不是他们的对手啊！这个故事多少有些滑稽吧？"

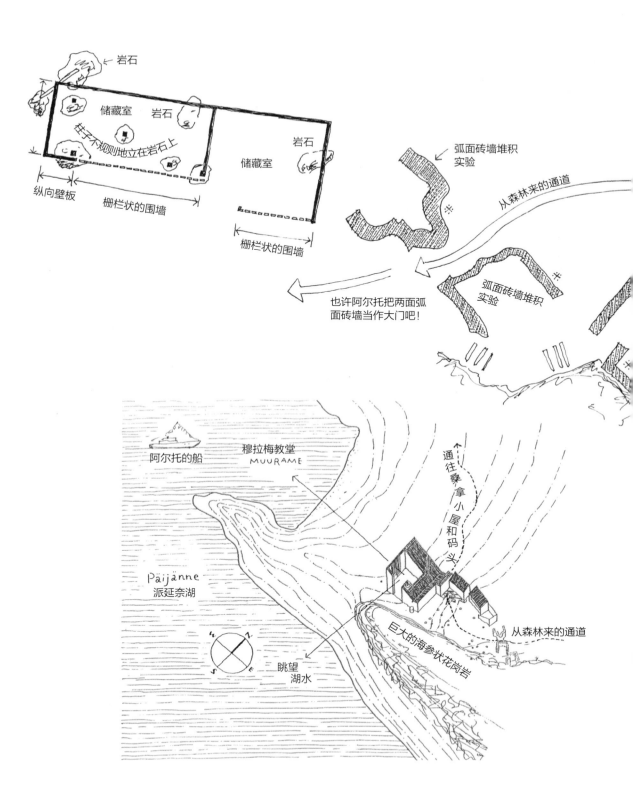

岩石

储藏室 岩石

柱子不规则地立在岩石上

岩石

储藏室

纵向壁板

栅栏状的围墙

栅栏状的围墙

弧面砖墙堆积
实验

从森林来的通道

也许阿尔托把两面弧
面砖墙当作大门吧!

弧面砖墙堆积
实验

阿尔托的船

穆拉梅教堂
MUURAME

通往桑拿小屋和码头

Päijänne
派延奈湖

巨大的海参状花岗岩

从森林来的通道

眺望
湖水

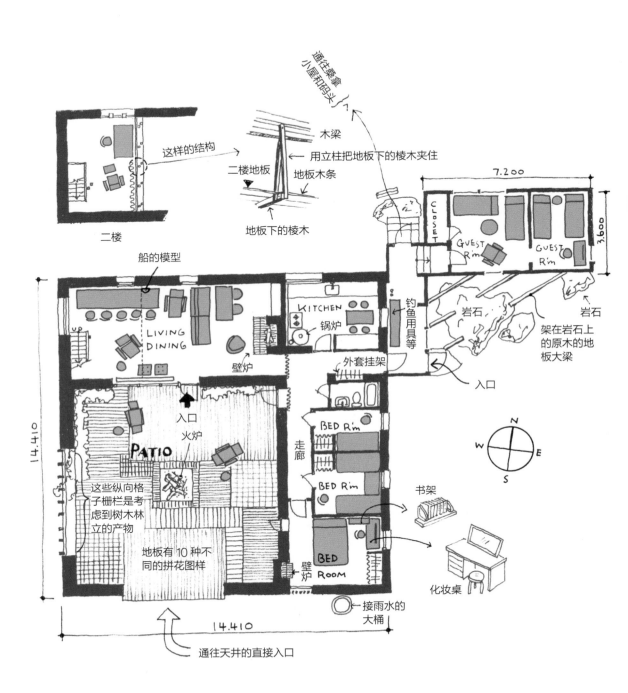

二楼

这样的结构

木梁

二楼地板

用立柱把地板下的棱木夹住

地板木条

地板下的棱木

通往桑拿
小屋和码头

船的模型

KITCHEN

锅炉

钓鱼用具等

7.200

CLOSET

GUEST R'm

GUEST R'm

3.600

LIVING DINING

UP

壁炉

外套挂架

岩石

岩石

入口

架在岩石上的原木的地板大梁

14.410

入口

火炉

PATIO

这些纵向格子栅栏是考虑到树木林立的产物

地板有 10 种不同的拼花图样

BED R'm

走廊

BED R'm

BED ROOM

壁炉

书架

N

W E

S

化妆桌

接雨水的大桶

14.410

通往天井的直接入口

斑嘴鸭母子的散步

穆拉特赛罗这个小岛与陆地之间，现在已有桥梁连接，所以开车很容易就过去了。可是，在 1953 年，当阿尔托建造别墅的时候，来这个岛的方法，除了坐船以外，别无选择。当然，那时电线也还没拉到岛上。据说，在别墅落成以后的十余年间，阿尔托都愉快地享受着使用煤油灯的生活。

不记得哪本书中说过，芬兰人在假期中都会尽可能远离便利的文明产物，他们是一群喜欢在自然中生活的人。望着目之所及的森林和湖景，嗯，真的好像是那个样子！在美丽的大自然里，这栋别墅既不与之对峙，也不与之相违和，毋宁说它是投入自然的怀中，去获得心的安闲，也许这也是到达自然的一种境地吧！

我们原本应该学阿尔托的老方法，搭乘小船来到这栋别墅，但是，这已行不通。至于从陆路到别墅，则是在离建筑用地不远的小径旁下车，推开粗劣的栅栏门，进入针叶林里。说是这么说，其实在那里面，找不到真正可以称为"道路"的东西，而只是借着人们踩过的痕迹，勉强辨识出一条弯曲的森林小道，长约 200 米。走的时候要注意，不要被露在地面的岩石和树根绊倒了。

在面向湖水的下坡之处，穿过树木间隙，那栋涂成白色的别墅就在眼前若隐若现了，这真是一条非常高明的通道呀！

从森林而来，穿过储藏小屋、增建的客人房等，挤过别墅的附属建筑物，逐渐接近正房，这就是整条通道的设计理念。在储藏小屋前面的森林中，散布着一些未完成的计划，如利用太阳能的暖气实验以及弧面砖墙的堆积实验等。我很想在平面图上看看这些带着些许幽默感的建筑物配置的模样。而有关这些配置的妙趣，似乎每个人都想说说他们的看法，有些人说它们像是"鱼的尾鳍形状"，有些人则表现得更富诗意：仿佛口干舌燥的旅人发现了一泓湖水，一边顺着斜坡往下跑，一边抛掉手杖，卸下身上携带的物品。在脱掉斗篷的地方，旅人见到了湖景的美丽，就一直站在那儿，屡屡忘了喝水的事情。

至于我，则联想起穿过森林，走向湖水的斑嘴鸭母子那美妙的散步。如果是您，对于这些独具风格的配置，会有什么样的描述呢？

有段时期，阿尔托因喜欢这样的配置而不断加以尝试，这无非是尊重自然、不在自然中凸显建筑物的体现。

如果用此观点来观察这栋别墅的话，需要注意的不仅仅是配置和形态而已，其实在素材本身及其运用上，阿尔托都下了细腻的功夫。在那栋靠近砖造正房的贴着木造壁板的加建客房中，那些板子是考虑到与砖头接缝横线的连续性以后，刻意被横过来使用的。接着看向储藏室。当横向壁板从侧面延伸到与正面相接的角落时，突然一变，变成了纵向张贴的壁板，而这个纵向壁板则是随着带有间隙的栅栏状的围墙变化的。

这些设计，并非只靠最后的修饰就能达到。从砖头这种坚实的墙壁结构到木造梁柱结构，如在裸露的岩石上利用不规则的方式架起柱子来支撑屋顶的特殊技术，都花了不少心思。

总之，阿尔托企图逐渐地将建筑物还原于森林之中，更确切的说法是，将其还原于垂直线林立的针叶林中。因此，如果这是对森林的敬意，那么在计划阶段就停工的弧面砖墙和太阳能暖气实验便应该是对岩石的敬意了。这些砖头墙壁和太阳能实验装置，原本计划要建在状如海参的巨大裸露的岩床旁。

从森林缓缓向下的通道。在林立的树木之间，散落着一些小建筑物，这些建筑物逐渐地连接到正房。

围绕中庭的砖墙，切出一部分，嵌上纵向格子栅栏。您同意我所说的，这是对林立的树木致敬吗？

从湖边往上看的别墅。砖墙的外部涂上白色，是要让建筑物融入雪景吗？

中庭的入口。围绕中庭的 L 形高墙，在此处突然截断，
担任起大门的角色。穿过大门，内部从外壁的白色转
为红褐色的砖头。

中庭。砖头拼花地面、中央的火炉、切得很漂亮的墙
壁、融入树木的纵向格子栅栏等，希望您都能多加注
意。独立壁和屋顶边缘部分，盖上了瓦片。

从中庭往上看到的耸立树木。大约在建筑物中央部分的壁炉和锅炉
的烟囱，给人留下一种强烈的印象，仿佛象征着这栋别墅是值得信
赖的。

中庭

贴着木板的墙壁、砖墙、涂满白漆的外墙，都使得科耶塔罗飘散着清爽的气息。可是，当一脚踏入中庭，情势就大变了，人瞬间被红褐色的砖块团团围住。而且，这砖块墙壁不是普通的墙壁，而是借着五花八门的粘贴方法、砌砖方式，创造出的各色各样的拼画。天啊，这到底有多少种类呢？我一边手指墙壁，一边开始数起来，而担任向导的青年马上告诉我说，大约有 50 余种。除了墙壁，地板表面也被分割为 10 个部分（这是我自己数的），每一部分都采用了不同的铺设方法、粘贴方式，并以此热情地欢迎访问者的光临。

啊，好一个难以言喻、令人愉快的中庭！在这里，洋溢着一种节日气氛，让人从心底里享受夏日假期和大自然中的生活。最初，阿尔托虽然也将"实验"这个念头放在脑中，非常认真地对这些砖头进行排列组合，可是，在实际操作时，他却抛开实验不顾，反而沉浸在思考砖头模样的快乐中。

阿尔托的建筑仿佛经常散发着那种无忧无虑的自由精神和胸襟开阔的气质。或许正因为如此，他才能酝酿出那么多既温暖又有人情味的作品，这些作品与同时代其他被称为现代主义建筑师的那种理智、禁欲的作品完全不同。

如果要思考科耶塔罗的使用方法，那么这个中庭与其说是庭院，不如称其为外部起居空间。每面面向外部的 L 字形高墙上都有开口，而这些开口仿佛画框一样，切出了一幅幅派延奈湖的景色，这也是阿尔托设计上的旨趣。在非出入口部分的开口处，安装了木制的纵向栅栏，这倾注了对林立的树木的敬意。

在正方形中庭的正中央，有一个正方形的焚烧炉。阿尔托在他有点儿潦草的素描中，也描绘了正在焚烧的火以及从那儿升起的烟。在那个时候，火这种东西，不管对于阿尔托来说，还是对于科耶塔罗来说，都是不可或缺的重要物品。

房间巡礼

在进入室内之前，先来看看平面图吧！

在被砖头包围的正方形平面中，设置了一个正方形的中庭，因此，屋顶所覆盖的部分变成了"冖"形。这个"冖"形的横线部分被当作工作室、起居室、餐厅、厨房，竖线部分则放入三间大小不等的寝室。听说来访问阿尔托夫妇的客人很多，在别墅完成的第二年，就已经增建了客房。

从森林来的通道被当作后门口来处理，主要的入口依然位于中庭这里。从森林和湖边这样的自然环境中走来，冷不防地遭一扇门挡住，不让进入室内，反而需要经过外部和内部之间的中庭空间才得以进入。我想这种做法，可以认为是连接从庭院到屋檐下，从屋檐下到缘侧[1]，从缘侧到室内等这些日本式连续空间的西方翻版。

不过，与日本式空间的横向流动连接不同，这里的空间是纵向流动连接的，那是并排成一列的空间。高墙所包围的中庭空间给人留下了突出的印象，而通风良好的室内空间也引人注目。我用言语很难描述室内空间给人留下的印象，您把空间比例想象成横向竖立起来的鞋盒子，也许就容易理解了。

总之，相对于门面而言，室内是个纵深较浅、具有某种高度的空间，就像在鞋盒子里的感觉。它会让我联想到盒子的另一个重要原因是窗户的大小，或许应该说是窗户的小吧。当然，将窗户和门等开口部分压缩到最小限度，酝酿出寂静的沉稳氛围，还有利于防寒，可是这使我觉得仿佛有种巨大的闭塞感支配着整个室内空间。

1
缘侧，日式住宅较窄的外廊，一边连接房间，另一边连接庭院，有采光功能。——译者注

阿尔托的科耶塔罗素描。在上面可以窥
见他对建筑物与地形的关系、风景中的
建筑物轮廓等做的修正痕迹。另外，注
意从中庭上升的烟哦。

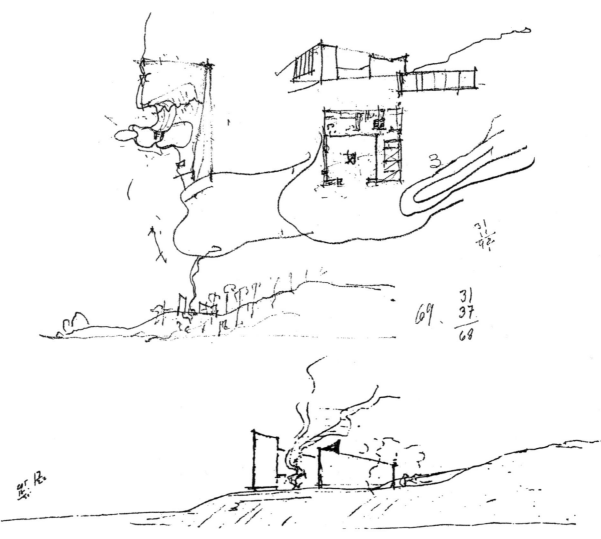

Luonnoksia Sketches © Alvar Aalto 2000

贴着各种砖块、陶板、瓷砖等，有如拼花一样的墙壁。右侧的长条形小窗户是阿尔托夫妇寝室的窗户，从这里也可以进出中庭。

从一楼工作室看餐厅与起居室。在舒适、简单的室内，洋溢着良好的坐卧感觉。

不论在阿尔托的哪栋建筑物里，外套挂架的位置总是一副理所当然的样子。这栋别墅的外套挂架也正好位于"只能是这里"的"这里"。

二楼地板并没有使用横梁作为承载支撑的方法，而是特意用松叶形的立柱，从补强的屋顶大梁将地板吊住。这个地方也是科耶塔罗之所以成为科耶塔罗之处。

壁炉周围。毕竟芬兰是北方国家，使用壁炉是自然的事情。探头去看烟囱里面的样子，令人意外的是，竟然看不到燃烧松树时烟囱内壁会附着的焦油。

我踏进室内的时候，说不上来的怀念与安心感从心底涌现。在还没忘记这种感觉之前，我想先把它写下来。真是不可思议，虽然我是第一次访问科耶塔罗，但在感觉上却想向它打招呼说："我又来啦！"这是什么原因呢？我一时无法弄明白。我在室内绕了绕，试着坐在起居室的壁炉之前和餐桌后的沙发上，然后又走上了二楼的工作室。当我靠着栏杆，往下看有着壁炉的起居室时，突然，我知道答案了。

一直到去年为止，每当夏天来临的时候，我都会兴冲冲地去访问位于轻井泽森林中的吉村山庄。从科耶塔罗二楼往下看的室内光景，竟然与吉村山庄有着令人惊讶地相似。不，不只是室内的模样，还有飘浮在那里的空气、潜藏在那个空间里的建筑精神和充溢在美丽"山庄"里的馥郁的建筑味道，都太像了！

不为既定价值观所限制的先驱者之精神、潜藏于建筑物和家具构想中的幽默、凝视市井生活的目光、用来判断居住感觉好坏的第六感，以及将这些东西痛快地表现出来的高超技艺；还有寄托在植物上的深情、实践重于理论的工匠精神、画出漂亮素描线条的粗

糙之手，以及令人联想起耐得住风雪的老橡树那深刻皱纹的风貌……阿尔托和吉村顺三 [1] 这两位建筑家，彼此之间似乎存在着许多共通点。

一瞬间，已去世的吉村先生的影像闪过我的脑海。过去我在参观完这类令人神往的建筑之后，总会先在旅行之地给吉村先生写好有关对此地印象的明信片，然后回日本后再去拜访他，这是我在过去的"巡礼之旅"中的私人乐趣。

1

吉村顺三（1908—1997）生于东京，毕业于东京美术学校（现东京美术大学）建筑系，师从美国建筑师安东尼·雷蒙德（Antonin Raymond）一年之后，于1941年开设了自己的设计工作室，1964年担任皇居新宫殿基本设计工程。他在日本建筑界的影响力巨大，其山居建筑被称为日本现代建筑的原点，这样一点儿也不为过。——译者注

走下那架令我想起吉村山庄的陡峭楼梯，接下来我参观的是有寝室的侧房和有客房的增建部分。用日本方式来描述，那是两间约3个榻榻米和4个半榻榻米大小的小房间，不过住起来的感觉很好。

阿尔托夫妇的寝室最多也只有8个榻榻米大小，而反"︵"字形的天花板也不高，因此，整个房间的感觉相当舒适。寝室里的每一件家具也都是由阿尔托设计的，这些设计简单朴素又实用，与整栋建筑物的风格非常协调，而且与之融洽在一起。

只有一个地方让我觉得很好奇，那就是阿尔托夫妇的床头靠近卧室门这样的布置。不，与其说是好奇，不如说是无法理解。本来，离卧室门口最远的墙壁尽头应是枕头的位置，如果不这样布置的话，半夜起床上厕所的人就必须从睡在靠中庭这一边的人的枕头后边经过，这样会让睡着的人睡得不安稳。

这个布置违反了我们习以为常的一般原则。不过，当我发现睡在那儿，穿过中庭可以看到森林与湖景时，便立刻豁然开朗了，原来如此！

晨醒

因为我们事先预留了充分的参观时间，所以从科耶塔罗出来后距离回程还有许多空闲。于是我利用这个空当儿，打算对坐落在针叶林中的醒目别墅（白色建筑物，就像被放在巢中的暖烘烘的鸟蛋）与它背后的湖景，做一番素描。

可是，我坐在林荫草地，倚靠在露出地面的舒适的岩石上，刚打开素描本，不知来自何处的睡魔就袭上身来。八成是因为我按照计划顺利地参观完了科耶塔罗，之前紧张的心情一下子松懈了，一时间长途旅行的疲劳和时差的影响全都显现了出来。虽是极短暂的时间，我还是睡着了。

醒来时，眼前这栋由阿尔托设计的科耶塔罗，以沉稳的姿态静静地伫立着。

受阿尔托影响颇深的美国建筑家查尔斯·摩尔（Charles Moore）说过一句话："为了获得对伟大建筑物的实际感觉，最佳的方法就是去那栋建筑物中睡一觉再醒来。"我呆呆地想，如果用"在建筑物的面前醒来——"来代替他的话，也是可以成立的吧！

（1997 年 10 月）

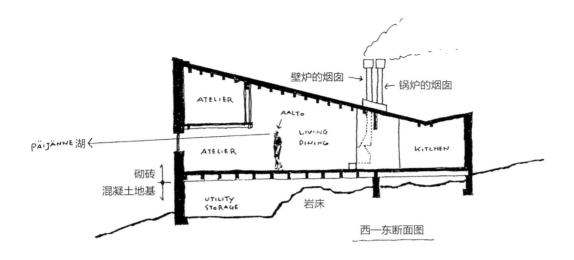

壁炉的烟囱 → ← 锅炉的烟囱

ATELIER

ATELIER

AALTO

LIVING DINING

KITCHEN

PÄIJÄNNE 湖 ←

砌砖
混凝土地基

UTILITY STORAGE

岩床

西—东断面图

从二楼工作室往下看的起居室靠壁炉的角落。这个光景让我很自然地想起吉村山庄。下页的左上图是几乎从同样视角看下去的吉村山庄一隅。

从二楼工作室往下看的楼梯间。照片的右端，因为有楼梯开口部分，在这里可以看见松叶形的立柱从补强的屋顶大梁将地板吊住。

从工作室西侧穿过针叶林间隙所看到的派延奈湖的景色。这栋别墅不设置大的开口部分，而是以画框大小的窗户来切取风景。

看起来坐卧感觉都很好的儿童寝室。简
单的书架、化妆桌、高脚凳，都是由阿
尔托设计、阿太克公司制造的。

阿尔托夫妇的寝室。床的位置让人觉得很奇怪，但从
左边的窗户穿过中庭，便可以看见森林与湖景，而从
右边的高窗射进来的朝阳则能够把人叫醒。

位于码头附近、底面呈梯形的桑拿小屋。这间小屋没有烟囱，是一种会让小屋充满烟雾的最古老的桑拿房。

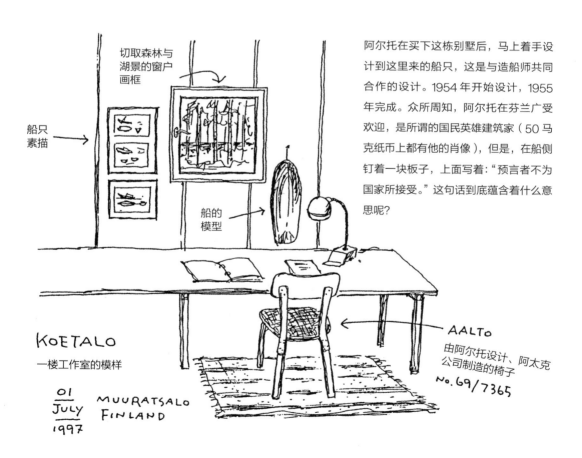

切取森林与湖景的窗户画框

船只素描

船的模型

KOETALO
一楼工作室的模样

01 JULY 1997

MUURATSALO FINLAND

AALTO
由阿尔托设计、阿太克公司制造的椅子
No.69/7365

阿尔托在买下这栋别墅后，马上着手设计到这里来的船只，这是与造船师共同合作的设计。1954 年开始设计，1955 年完成。众所周知，阿尔托在芬兰广受欢迎，是所谓的国民英雄建筑家（50 马克纸币上都有他的肖像），但是，在船侧钉着一块板子，上面写着："预言者不为国家所接受。"这句话到底蕴含着什么意思呢？

吉瑞特·托马斯·里特维德 Gerrit Thomas Rietveld
（1888—1964）

　　1888 年，吉瑞特·托马斯·里特维德出生于荷兰乌得勒支（Utrecht）。他从 12 岁开始，就在身为家具工匠的父亲所开的木器工作室工作。他还在夜间学校学习工艺和建筑，并于 1917 年开设了自己的家具制作工作室。直到 1931 年，里特维德参加了"新造型主义运动"。最初，他从家具、室内设计开始，发表了著名的"红蓝椅"（Red and Blue Chair）等实验家具作品，并以家具设计师的身份广受关注。之后，他在建筑设计领域的第一个作品施罗德住宅（Schröder House），成为风格派运动的代表性作品，不仅广为世界所知，而且轰动一时。此作品也奠定了里特维德优秀建筑师的地位。之后，他遗留下许多家具和建筑作品。

　　里特维德的家具作品有红蓝椅、柏林椅（Berlin Chair）、Z 形椅（Zig Zag Chair）、施特尔特曼椅（Steltman Chair）；建筑作品有施罗德住宅、凡·高美术馆（Van Gogh Museum）等。

里特维德的施罗德住宅

荷兰 丨 乌得勒支 丨 1924 年

浓雾

巴黎。

在宾馆的床上醒来，窗外一片昏暗，沉重潮湿的雾寂静地流动着。到前天为止，这里一直是温暖、晴朗的冬日，甚至我昨晚才刚刚和长年住在这里的朋友说："欧洲好像也有小阳春[1]这样的天气呢！"

今天是出发前往荷兰的日子。

在郁闷的气氛中，我在打包行李时，对窗外产生了兴趣。雾像是一种活生生的东西，浓度渐渐增加起来。我心中想着，浓雾不久后就会将对面的建筑物包围起来吧，但又很想见到微微放晴的样子。不知为什么，我感觉自己好像变成了一会儿开一会儿关的濡湿的蕾丝窗帘。今天的天气，从此刻开始会变成什么样子，完全无法想象。

最放心不下的事情是飞机能否正常起飞。

过去，我在冬天的米兰机场也碰上过浓雾天气，并且当时必须搭乘的最后一班飞机竟被取消了，于是我就有了一次束手无策的痛苦经历。

幸运的是，这次航班并没有取消，飞机在延迟了一个半小时之后起飞了。尽管这次航班延迟了，但是飞机起飞后，上空一转成为晴朗的天气，因此，这是一次非常平稳的空中之旅。

机内传来即将抵达阿姆斯特丹史基浦机场的广播，这声音唤醒了浅睡中的我。我往窗外一看，不可思议的光景映入眼帘。眼下先是一片云海，接着到处可见突出的棒状物，样子就像是露出河面之上的细桩。再仔细瞧瞧，那些好像是烟囱，上端冒着一股一股的烟。烟囱和

1
小阳春：时节气候名，指的是立冬到小雪之间的一段温暖如春的天气。在此期间，一些果树会二次开花，呈现出好似阳春三月的暖和天气。——编者注

烟在柔和的阳光的照射下，投影在白云之上，这简直就是基里科[2]的画呀！

但是，能穿过云层的烟囱，该有多么高啊？500米？800米？

不知怎么，此刻我依然像在做梦一样，因而怀疑自己眼睛所看到的景象。与此同时，我又突然想起了不知在哪里读到的一本书中的一小节。

2
乔治·德·基里科（Giorgio de Chirico，1888—1978），意大利画家，作品风格怪异，自称采用了"形而上"的绘画手法和造型方法。——译者注

AMSTERDAM
穿过云层的烟囱

有一段时间，我在研读关于里特维德的书，其中一本书的某个部分研究了荷兰这个国家为什么会诞生出蒙德里安[3]和杜斯柏格[4]这样的造型主义者，并因而开启了风格派运动。这是一个令人困惑但又十分有趣的说法，所以残留在我的记忆中。

根据这本书作者的看法，荷兰人身上有一种特别的几何学感觉，那是在荷兰这种完全平坦的地形上，借着工业文明之手伸入之时所造就的风景培养出来的。总之，平原的水平线，加上工厂的烟囱等垂直线，形成了一种几何形状的景观。结论是，这种景观对造型主义的绘画和建筑产生了莫大影响，进而孕育出了风格派。

有关荷兰人的几何学感觉一事，虽然我也能够理解，不过对于这种奇特的说法经常一笑置之。我总觉得，这种说法连牵强附会都称不上！可是，当那突出到云层上方、异样高耸的烟囱出现在我眼前的时候，我开始觉得这种说法也许是真的。说时迟，那时快，飞机钻入云层里，接着遭到了好像从下面往上推的冲击力。发生事故了吗？我紧张起来。结果根本没事，只是飞机突然就着陆了。刚刚我以为是云的东西，其实是空中密布的浓雾。

烟囱的高度？只是非常普通的尺寸而已。

3
皮特·蒙德里安（Piet Mondrian，1872—1944），荷兰画家，风格派运动主要成员之一。——译者注

4
特奥·凡·杜斯柏格（Theo Van Doesburg，1883—1931），荷兰画家、装饰家、诗人和艺术理论家，风格派运动的领导人。——译者注

吉瑞特·托马斯·里特维德

哎呀，文章写到这里还陷在雾中的样子，还没有说明我远赴荷兰的目的。这次旅行的主要目的是，参观里特维德遗留在阿姆斯特丹和乌得勒支的建筑和家具。我和一位住在阿姆斯特丹的建筑师约好，他愿意让我参观他所拥有的，由里特维德工作室制作的贵重的原作家具。另外，我还向乌得勒支中央美术馆提出申请，想参观在近代住宅史上格外醒目的名作施罗德住宅。施罗德住宅是这座美术馆收藏品中的重要代表之一。这两件事我都已经在日本用电话和传真敲定了访问的时间，所以现在才这样在意天气状况，担心浓雾会影响到航班。

好啦，到这里，多少还是要写点儿关于这次的主人公里特维德的事情！

里特维德是一位家具设计师和建筑师，1888 年出生在一个荷兰乌得勒支的家具手艺人的家庭中。1964 年，他同样在乌得勒支去世。最初里特维德继承了父亲的工作，以家具手艺人的身份为起点，后来因为在夜间学校学习了建筑知识和技能，便逐渐着手于建筑设计的工作，最终成为一名建筑家，并留下了许多伟大的作品。

里特维德参加了 20 世纪初由画家蒙德里安等人发起的风格派前卫艺术运动。最初，里特维德在家具领域内，推翻了当时所有的家具概念，奠定了自己先驱者的地位。接下来他着手的住宅设计，相当于是他的建筑处女作，这是一栋再次把风格派的理念直接具体化，使其轰动一时、风靡一世的建筑物，更使里特维德一跃成为时代的宠儿。风格派的主要成员以蒙德里安为首，还有杜斯柏格等人，他们可以说是相当喜爱理论之人，或者可以被称为评论家。总之，他们当中吹毛求疵的人占了多数。风格派的理念因为他们所展现的绵密逻辑以及坚定的信念而闻名。

可是，一旦尝试着啃读风格派成员所留下的文章，像我这样苦于复杂理论的人，不仅觉得它们太难，而且实在咬不动书中"艺术的目的在于排除悲剧"这种想破头也不知道什么意思的话。因此，很可惜，我无法向读者详细地解读这些文章。对于喜欢慢慢品读艰涩难懂的文章的人，我倒极力推荐他们读一读风格派成员的相关文章。

要介绍里特维德，还是先看看他设计的红蓝椅、乙形椅等知名的家具吧！姑且不论风格派的理论，在家具领域内，他是如何做到不受制于既成的概念，而达成划时代的伟业的呢？只要看看这些作品，应该很快就能找到答案了！

而且，这些家具并不是经由理论性的思考而产生的，而是由累积了许多工匠直觉和创意设计的"思考之手"制造出来的。关于这一点，希望大家特别注意。用这个观点来观察里特维德的天赋才能与身为实践家的本领，我想不会只有我一个人！

木头、成型合板、钢、铝、塑料、纸、混凝土等，不管什么材料，只要交到里特维德那双"思考之手"中，不久之后，一件件与众不同、可爱、具有独特味道的家具就制作出来了。而且在这些家具作品中，一直残留着手艺人那双温暖之手的触感和暖意，但愿人们不要漏看了这件事。

您在这里所看到的图片，全都是按1：5的比例缩小的模型照片。数年前，在大学的研究会上，我提出以里特维德的家具当作毕业研究的题目，其中有三位女学生仿佛得了热病一样地致力于里特维德研究，而这些图片中的模型就是她们所复制的其中一部分。虽然刚刚我说学生得了"热病"，其实这次去荷兰，我自己也感染了"里特维德热"，可以说是这股热气促成了我的这次"巡礼"。

隔着道路看到的施罗德住宅的外观。一直延续过来到此为止的大型集合住宅，因为这栋可爱的小盒子状的建筑物而突然中断了。这是一栋比想象中小了许多的建筑物。

东北的立面。涂色的壁面，从白色到浓灰色，分成了4个层次。借由颜色的变化、墙壁与开口部分的活泼对比，以及面材与线材的对比，这栋建筑物被赋予了明朗的特征。

以风格派的色调，涂上了明朗漆色的门铃和大门四周。

玄关旁边的书房。墙壁在通往天花板的途中被切断了，上半部分用嵌死的玻璃和天花板连接在一起。

通往二楼的楼梯。在楼梯平台处有个电话角落，还有皮革靠背的固定椅子。位于途中吊着的拉门，安有利用平衡器可以自动把门关起来的装置。

工作室外观。可以从道路这边直接进入，里特维德在这里开设建筑设计事务所，在窗户上装饰着模型，向过路的人夸耀他的成就，但这里远离主街道，过路的人应该不多吧！

委托人、合伙人

在之前对里特维德的介绍中，我曾经写道，他最初着手设计的住宅是把风格派的理念直接具体化、轰动一时的建筑物，也就是位于乌得勒支市郊的施罗德住宅。

委托人施罗德夫人，是一位年轻的寡妇。当时，她和三个年幼的孩子住在一栋建于19世纪初的巨宅里。夫人好像也从事室内设计的工作，她讨厌这栋身形巨大、古色古香的房子。丈夫死后，施罗德夫人舍弃旧家，考虑在乌得勒支的某处建一栋功能良好、小而整洁的住宅。因此，她委托里特维德担任这栋住宅的共同设计者。

不过，这并不是施罗德夫人第一次委托里特维德。事情是这样的，在这个兴建项目的三年前（奇怪的是，这一年正好是她丈夫死去之年），夫人曾与里特维德共同着手改装那座巨宅的内部构造。在那个时候，以里特维德的判断力和工作状况，他应该也有自己独特的喜好吧。我的推测是，他不只是从木

工手艺人晋升为家具设计师，而且人们也已看出他拥有足以成为一位建筑师的才能，而与此同时他的支持者也有心给予他让才能开花结果的机会。施罗德夫人委托他共同改装巨宅，对他而言是个很大的帮助。

反正，两位一起工作的期望，再度实现了。

虽然我们已无法知道施罗德夫人在设计监督的实务方面究竟担任了什么样的角色，但有一点是不会错的，那就是从设计的大纲到细部，都反映出夫人相当多的意见。

例如，把起居室—餐厅、寝室等主要的功能空间全部安置在景观良好的二楼，以及大胆的空间分割等，都是施罗德夫人的提案。而关于室内的布置，当然也由作为室内设计师的她负责了。据说，施罗德夫人拥有不受陈旧价值观束缚的独到眼光，而且能够将自己想要的生活方式非常具体地形象化，更具备了把这个形象正确地传达给他人的能力。

当里特维德燃烧着对建筑的热情，精力也正充实旺盛的时候，他遇到了了解自己的委托人兼合伙人，这自然是很幸运的事。但如果没有像施罗德夫人这种仿佛与他同卵双生儿一般的精神伙伴，我想恐怕他也无法造就这栋历史性的住宅名作！

　　好啦，准备知识就差不多这么多了。让我们实际去逛逛这栋施罗德住宅，看看它到底是个什么三头六臂的东西吧！

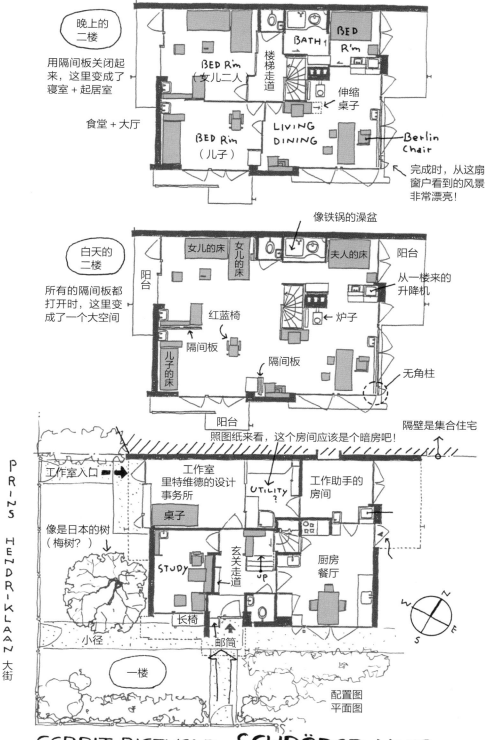

晚上的二楼

用隔间板关闭起来，这里变成了寝室 + 起居室

食堂 + 大厅

BED R'm（女儿二人）

楼梯走道

BATH

BED R'm

伸缩桌子

LIVING DINING

Berlin Chair

BED R'm（儿子）

完成时，从这扇窗户看到的风景非常漂亮！

像铁锅的澡盆

白天的二楼

所有的隔间板都打开时，这里变成了一个大空间

女儿的床

女儿的床

夫人的床

阳台

阳台

红蓝椅

隔间板

从一楼来的升降机

炉子

儿子的床

隔间板

无角柱

阳台

照图纸来看，这个房间应该是个暗房吧！

隔壁是集合住宅

PRINS HENDRIKLAAN 大街

工作室入口

工作室 里特维德的设计事务所

UTILITY?

工作助手的房间

桌子

像是日本的树（梅树？）

STUDY

玄关走道

UP

厨房餐厅

长椅

小径

邮筒

一楼

配置图 平面图

N W E S

GERRIT RIETVELD SCHRÖDER HUIS 1924

红蓝椅，1923 年

柏林椅，1923 年

茶几，1923 年

施特尔特曼椅

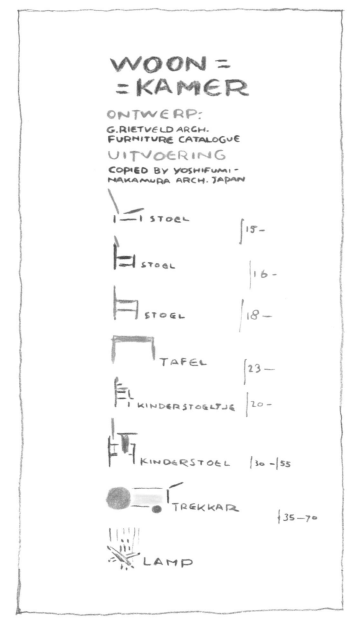

里特维德终其一生都在毫不厌倦地设计着家具。这些家具的确切数目不清楚，总数差不多要超过 400 件吧！他的本质依旧是家具手艺人。在设计施罗德住宅时，里特维德手写的价格表被留存了下来。这是一份相当有魅力的清单，上面的简单素描很有味道。

左侧 4 幅照片中的模型是以 1：5 的比例做出来的。制作人是以"里特维德的家具"为大学毕业研究课题的菊谷志穗、久野理惠子、若林美弥子三人。她们一共做了 42 个模型，以及 4 个原尺寸大小的复制品。

施罗德住宅：系着缎带的小盒子

施罗德住宅位于乌得勒支市郊。目前，它外侧的街道仍继续扩张着，当年这里位于城市的最外缘。从这儿往前些，有着地形平缓的连绵的田园和森林，即使现在站在这里看一看，也很容易想象过去的样子。不只这样，一直延伸过来的集合住宅，到这里突然就戛然而止了，的确漂浮着一种市郊的气氛。

施罗德夫人和里特维德一起到处寻找建筑用地，当发现这块地的时候，两人一定不自觉地四目相对，相互点头同意吧。这里的日照、景色都非常棒，背后还有一面集合住宅的大砖墙加以保护着。因为另外三面是被道路和空地包围的完全开放空间，所以这是一块无可挑剔的建筑用地。这里可以用来建造一栋建筑物，三个立面都能当作正面，而每一面都好像把蒙德里安的抽象画立体化了一样。除此之外，对景观维护有着颇多要求的乌得勒支市政府也说："嗯，在这里建的话，就好好地做吧！"听说有了政府的支持，有

些规定就睁一只眼闭一只眼地放过他们了。这真的是一块等着施罗德夫人到此建房子的土地呀！

施罗德住宅好像是附着在那一大排集合住宅最末端的侧面砖墙上建造起来的。那种唐突的感觉，看起来好像它是书架上潇洒的小书挡，支撑着宛如朴素的大部头著作的集合住宅。另外，当我把施罗德住宅模糊地想象成比照片中的尺寸还要小很多的建筑物时，它散发出一种特殊的风味，好像是一个系着三原色缎带的礼物小盒子，令人意外的是，它竟然没有一点儿死板的感觉。由于施罗德住宅是风格派运动的代表性作品，我预想它会带有一本正经的贵妇人般的冰冷感觉。正因为心中早有这样的预设，所以真正见到了才觉得有点儿意外。

暂且合上建筑史的教科书和研究书籍，如果让我简要坦率地说说感想的话，我觉得那就是一栋可爱、有趣的小住宅。

手艺人的样貌

尽管施罗德住宅从外观上看是一栋小住宅，它的内部却是一个相当值得一看的地方。一楼、二楼的面积合计 130 平方米左右，虽然不是很大，却真是到处镶嵌着各种各样的好点子，而且每一个点子都呈现了精彩的场景和观点。假若以料理做比喻，施罗德住宅不像主菜那样给人丰盛、满足的感觉，而是像量少却摆盘精美的宴席料理，一次一次地上菜，不知不觉之间，观看者的肚子就饱了。也许施罗德住宅内部给人的感觉，就类似于这种饱腹感吧！

例如，一楼的设计就包括：将入口处变得很像日本茶室等候室的长椅、玄关旁装饰的孩童玩具的搁板、装置在衣帽间底部的暖气片、楼梯间入口处附有平衡器的大拉门、把玻璃装置得如绘画般的配电箱、让狭窄空间看起来变大了的玻璃栏间[1]和涂在天花板上的色彩效果，以及将连接一楼厨房和二楼餐厅的食器搁板纳入的小型升降机。

二楼的设计则包括：餐厅角落窗户的无角柱处理，全部包覆着玻璃的楼梯间立方体，有如造型主义理论之典范的霓虹灯管照明器具，分别涂上了层次不同的灰色与三原色的地板、墙壁和天花板，小至橱柜也有的细工与设计，到处摆设的让里特维德一跃成名的早期木制家具……在这个室内，所有注入了大量风格派造型气息的创意设计一起响彻云霄，宛如投入爵士乐即兴演奏的氛围中，而音乐里则充满了蒙德里安、里特维德、施罗德夫人三人的"热气"。

1
栏间，日式建筑在门楣之上设计的横长形小窗，有如中国的横披窗或矮栏。它可做成格子形，也可装置雕花板或各种花样。——译者注

如果要从这"热气"之中引出这栋住宅的建筑主题，那就是二楼的房间借着高及天花板的"拉门"，把完全开放的一个空间按"田"字型分割成了四份，从而使其成为三个寝室和一个起居室一餐厅吧！对于至今依然保有"拉门"传统、白天的起居室晚上变为寝室、富有变通弹性生活方式的日本人来说，这个点子实在没什么稀奇的。但是，这个点子在 70 余年前的荷兰或者欧洲西部，无疑是新奇、划时代的想法。

这个"拉门"其实应该称为"拉墙"或"移动的墙壁"，这样更能准确地传达它的设计意图。年轻的美术馆员实地操作开闭"移动的墙壁"给我们看，这个操作程序倒有些复杂，似乎还需要一点儿技巧。在此过程中，还发生了像某人手指被夹到而咋舌这种既愉快又精彩的场面。总之，这是一项操作相当费时的作业。这种有许多机巧和装置的工作需要由手工来完成，从这里我们可以清楚地窥见里特维德作为家具手艺人的样貌多过于建筑家的样貌。

在参观说明书上，里特维德说道："这栋住宅的形状，是由红蓝椅和柏林椅发展出来的。"如果这个说法正确的话，我想在那时，里特维德还不太有建筑设计的意识，或许他是把这栋住宅当作可以自由变幻的"大家具"来考虑的吧！

再进一步说，里特维德伴随着"移动"这些动作，在潜意识中追求三度空间线与面直角相交的立体造型中的妙趣。这个假设一时浮上了我的心头。试想，那些大色块从四方以直角滑出去，再拉回来，显示出五花八门的立体造型，真是异想天开又美丽的景象啊！

里特维德把蒙德里安的抽象平面，以家具的形状发展成立体状，再进一步在这个立体之上加上运动的时间概念，于是在不知不觉之中，这些概念便反映在移动的拉门、隔间之上。我这样的看法，会不会有点儿太深了？

实际上，经过这样的空间分割，一个寝室给两个女儿用，一个给儿子用，剩下的一个是施罗德夫人的。夫人是一位身材娇小的女性，适合她身高的床的尺寸非常小，而且浴室看起来也是相当于个人套房的最小限度。

相反，完全开放的二楼正符合施罗德夫人建造时的期望。它在视觉上是宽敞的，东南方向的日照很充足，并且可以向远方眺望，所以这是个非常好的居住场所。也许如此玩味白天和晚上这两种全然对照的氛围，也是设计上的目的之一吧！

楼下是书房、厨房、准备室、家务间，还有一个工作室。在这栋住宅完成之后不久，里特维德把这个工作室用作自己的建筑事务所。面对道路的凸窗窗台上，装饰着计划中的建筑物模型等东西，洋洋得意地向世人炫耀着身为建筑家的自己。

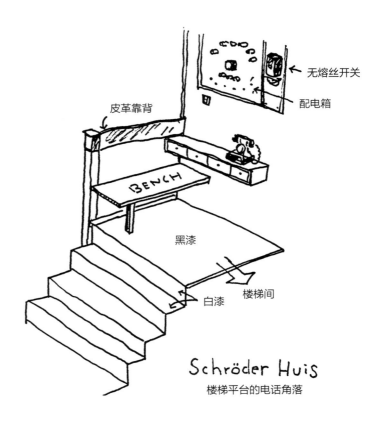

无熔丝开关

配电箱

皮革靠背

黑漆

白漆

楼梯间

Schröder Huis

楼梯平台的电话角落

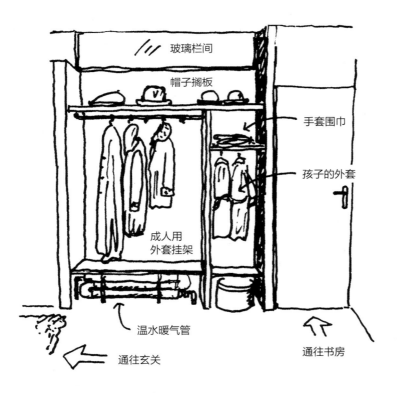

玻璃栏间

帽子搁板

手套围巾

孩子的外套

成人用
外套挂架

温水暖气管

通往玄关

通往书房

以玻璃封闭的楼梯间。请与下页当隔间板全部打开时的照片做比较。

从两个女儿的寝室望向起居室—餐厅。落成当时，从 L 形窗户向外眺望田园，风景似乎很好。

从起居室穿过楼梯间，看向对角线上女儿的寝室。遮蔽这个楼梯间的隔间
结构有如九连环，你必须屏住呼吸，注视着开关作业的进行。

从起居室看向儿子的寝室。第一
眼就看见好像大大小小的盒子杂
乱地堆积在一起的收藏橱柜，其
中放着组合音响。在它背后是区
隔寝室的拉门。

持续有人居住的前卫住宅

里特维德在 76 岁时去世，这位具备手艺人精神的建筑师和家具设计师，直到最后为止，都未失去持续追求新的可能性的先驱者精神。晚年时，他离开孩子，搬入施罗德住宅，与施罗德夫人生活在一起。

施罗德夫人从 1924 年施罗德住宅完成开始，此后的 61 年，一直住在这里，直到 1985 年以 94 岁高龄去世。

施罗德夫人终其一生都在守护着这栋无论是在建筑史上，还是在二人之间的历史上，都如此有纪念意义的前卫住宅。

（1996 年 1 月）

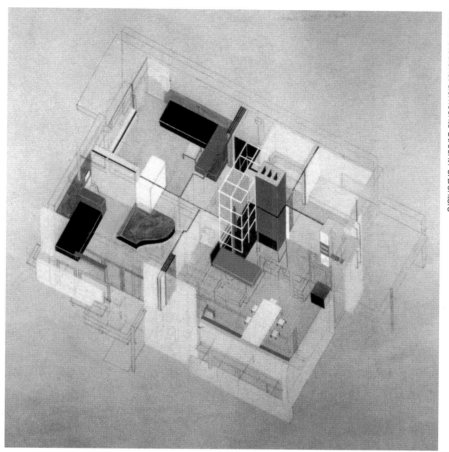

本图是以隔间板将内部空间区隔好的二楼。借着隔板而产生的"田"字平面结构，
是否受到日本建筑的影响呢？

柏林椅和施罗德住宅都是从同样的结构
原理中产生出来的，用鸟瞰图来描绘的
话，就很容易明白了。

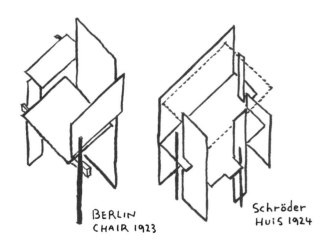

BERLIN
CHAIR 1923

Schröder
Huis 1924

弗兰克·劳埃德·赖特 Frank Lloyd Wright
(1867—1959)

　　弗兰克·劳埃德·赖特出生于美国威斯康星州。在当地大学土木工程系学习之后，他进入阿德勒与沙利文事务所（Adler&Sullivan）工作，然后于1893年自行创业，从事建筑设计。赖特是一个具备显著才能和领导力的怪人，据说他一生中光是实现的建筑作品就超过了400个。就独创性和影响力来说，他可以称得上是20世纪的建筑巨匠。但与此同时，赖特经常被丑闻纠缠，荣誉与挫败互为表里，过着有如19世纪小说主人公的生活。在日本，他也是最广为人知的建筑家，遗留在东京的作品有帝国饭店（Imperial Hotel）和自由学园明日馆（Jiyu Gakuen Myonichikan）等。

　　赖特的代表性建筑作品有联合教堂（Unity Temple）、罗宾别墅（Robie House）、帝国饭店、流水别墅（Fallingwater）、西塔里埃森（Taliesin West）、约翰逊制蜡公司（Johnson Wax Company Headquarters）、古根海姆博物馆（Guggenheim Museum）等；著作有《一部自传：弗兰克·劳埃德·赖特》（*Frank Lloyd Wright: An Autobiography*）、《致建筑师的信》（*Letters to Architects*）等。

弗兰克·劳埃德·赖特的流水别墅

美国 ｜ 宾夕法尼亚州 熊跑溪 ｜ 1936 年

邻座

平日里我是个话非常多的人，可是在飞机上，我就变成了"职业和年龄不详"，仿若静物般的人。也就是说，我与邻座的互动，只限于去厕所：不管愿不愿意，坐在外面的人都必须让路。与邻座之间仅止于这种相互帮忙的关系，其余时候互不干涉，这不正是飞机上心照不宣的规则或礼貌吗？

可是，有一次，我在飞往美国的飞机上，与邻座的青年畅谈血型与性格的关系。交谈的契机来自这个青年的主动攀谈，他说："嗯，抱歉，那个，您的血型是 AB 型吧？"

我正是 AB 型。

接着，青年告诉了我他猜对我血型的依据。他的话语中有许多颇为有趣的实例，而且很有说服力，甚至可以说是一种论证。

青年对血型的态度太过于认真，我想稍稍逗逗他，于是这么问道："那么，您对于人的气质的分类方法，如'欧型''美型''英美型''和型'等，一定也很熟悉吧？"

当然，青年对此什么也不知道，他一脸茫然，表情怪异地看着我。

我解释道："总而言之，'欧型'就是旅行一定要去欧洲的人，很喜欢去美国的是'美型'，英文没问题的是'英美型'，认为日本最有人情味的就是'和型'，就类似于这样的分类……"

对我来说，这原本只是一则无聊的笑话，但意外的是这位"血型青年"没有笑，反而用更认真的表情，目不转睛地看着我，斩钉截铁地说："您是'欧型'。"

　　既然青年这么说，那我一定是"欧型"无误喽！

　　但"欧型"的我现在变成了"美型"，因为这次我要去美国访问赖特的流水别墅。

波澜万丈

赖特的一生，为光荣与不幸、赞誉与诽谤所缠绕。除了华丽的罗曼史，他还有很多埋首解决问题的黯淡时光。正因为赖特有这样的经历，你一旦读过他那本仿佛是混合了励志小品和恋爱冒险小说的传记，就会觉得"波澜万丈"这个成语正是为了此人而设的。

尤其，赖特与委托人的太太之间的恋爱丑闻，集中了世人好奇的眼光和非难。1909年，他因难以自容而逃往欧洲。此后的20年间，在他身边发生的事情比小说还离奇，真的是很难捏造出来的情节。说了半天，就让我先介绍其中的一部分吧：有一位有夫之妇在与赖特私奔之后，好不容易整理好新居，准备与其一起过日子，结果她同赖特的6位弟子都惨遭发狂的佣人用斧头砍杀；当这个事件还没有冷却下来的时候，赖特已经逃避到与某位女雕刻家的爱情里去了；赖特的自宅兼工作室两度发生火灾；他还陷于离婚的妻子与再婚的情人之间泥沼般的纷争中；他因通奸罪被告上法庭，继而经济破产，陷入

了靠借贷度日的困境；与女雕刻家分手之后，他又发展出步入第四段婚姻的恋情……

这种状态不断延续，赖特没有心思工作，因此这个时期他的作品数量锐减。在他的传记中，他称这段时期为不幸的"空白时代"或者"黑暗时代"。

由于这段长期的"空白时代"，世人认为赖特已是过气的建筑家，并将他遗忘了。但是，赖特绝对不是一个轻易就消失不见的人。

赖特不仅拥有卓越的才能和难以击败的精神，而且具备召唤好运的灵气。到了60岁后半期，他展现了一次漂亮的复出，而其中的契机就是流水别墅。

回溯历史，这个契机是从塔利辛学社[1]建

1
塔利辛学社（Taliesin Fellowship），位于威斯康星州，是赖特用自己的两处住所开设的建筑学校。——译者注

筑私塾中而来的。开设私塾是当时赖特为了打破经济上的窘困而使出的权宜之计。

1934年，读了赖特的自传而深受感动的年轻人小埃德加·考夫曼（Edgar Kaufmann Jr.），刚从欧洲游学归来，就进入了赖特的私塾。他的父亲就是后来流水别墅的委托人埃德加·考夫曼先生。

考夫曼先生是一位在匹兹堡经营大型公寓的富有的实业家。为了一睹独生子所崇拜的建筑家，他与考夫曼夫人联袂拜访了塔利辛。不久后，他们就被具有强烈个性的赖特吸引了。

考夫曼夫妇在匹兹堡郊外的熊跑溪有一栋具有丰富自然景观的别墅，原本他们就有意对其进行改建，于是委托赖特来承担这项工作。

平台的下面，可以看见从起居室直接下降到水边的吊梯。仿佛持有赖特念力的悬桁已经过了 60 余年，现在终于念力消失，要靠支柱支撑，并在进行修补。

在熊跑溪谷的深林中展现寂静姿态的流水别墅。美丽的大自然在四季赋予了建筑物不同的魅力。

从特别设置了阶梯式座位的岩棚看过去的流水别墅。在瀑布上伸出的悬桁式平台以及巨大的房檐，让建筑物看起来很显眼。

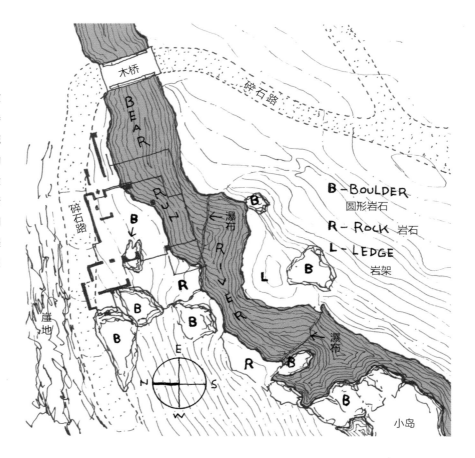

2
金阁寺是日本京都最负盛名的寺庙之一，也叫鹿苑寺。金阁寺的里外都贴满了金箔，每当阳光普照，它都会闪闪发亮，非常美丽。——编者注

木桥

碎石路

BEAR

碎石路

崖地

瀑布

RIVER

B-BOULDER
圆形岩石

R-ROCK 岩石

L-LEDGE
岩架

B

R

E

N

W

S

小岛

从一楼西侧通往二楼的如雕刻般的屋外楼梯。它与背后的石垒壁形成了强烈的对比。

三楼和二楼的混凝土扶手。对日本痴迷的赖特一度想把这些扶手全贴上金箔。如果实现的话，流水别墅就会成为美国版的金阁寺[2]吧！

建筑用地

不用说，赖特以无比强烈的企图心，抓住了这份新工作。到此为止，他送走了之前几乎 20 年郁郁不得志的日子。虽然赖特当时已经到了可以被称为老人的年纪，可他这种"我要再开一朵或两朵花给你们瞧瞧"的好胜心和自尊心一直在胸中，从不曾衰减。接受了委托的赖特，间不容发地立刻到熊跑溪的建筑用地进行勘查。

在那个时候，赖特详细地观察了熊跑溪及其魅力十足的瀑布、到处暴露着大岩石块的斜面、看起来像是扁平石片累积而成的断层崖地、附近自然生长着的树木和其他植物、既有的别墅以及具有风情的木桥等。他在归来之后，还指示助手详细实测了建筑用地周边的状况。

"在瀑布之上延伸出来的建筑物"这种不同寻常、深具独创性、戏剧般的构想，无疑在赖特最初看到这块地的时候就闪过他的脑海。但是，为了实现这个珍贵的构想，他在建筑技术的运用上就必须非常慎重。因此，在建筑用地调查图上，详细记载了以两个瀑布为中心，它们周边的等高线和露出的岩石位置、树木的位置及其种类、既有的道路和木桥等状况。

赖特格外喜好自然，据说他是一位从大自然中接受了许多启示的建筑家。特别是在流水别墅中，他将建筑用地所具备的各种条件（有魅力却同时也构成了限制），以令人惊讶的方式，巧妙地与建筑结合在一起。因此，流水别墅理所当然成为赖特的所有建筑作品中，与大自然关系最密切的一栋。

阶梯式座位

只要是流水别墅的参观者，都会不自觉地发出"啊——"的感叹声。而拥有最佳拍摄角度的地方，就在从瀑布下来一点的位置，那儿是沿着溪流的岩棚，一个为了欣赏流水别墅而特别设置了阶梯式座位的地方。当然，我在进入建筑内部之前，在那个地方也"啊——"了一声。在发出"啊——"的同时，我注意到这个地方一定能嵌入赖特的计划大纲。这个地方以森林为背景，两条瀑布上下并列，仿佛姐妹情深。因此，我相信考夫曼先生及其家族当然希望将建筑物建造在这个地方，并且把瀑布的景色巧妙地融入设计之中。

但是，这种普通人就想得出来的点子，并不能够满足赖特这样的大人物。赖特向考夫曼展示了令其一时语塞的计划，某本书上这样形容流水别墅：宛如白鸟展开双翅，在瀑布之上翩然而降。当然，未必人人都有同样的看法，当我实际站在现场面对流水别墅

时，或许是由"阶梯式座位"这个词产生的联想，我看到的好像是一个以漂亮姿势呈现在那儿的歌舞伎。参观者对着这栋建筑产生的热烈鼓掌与喝彩也好，发出的"唷，流水别墅！"的感叹也好，当然都在赖特的预期之中。

先前，关于赖特的计划大纲，我用到了"嵌入"这个词，它其实指的是以下这些事情。

瀑布之上，微微"斜"出来的流水别墅的确魅力十足，而它有如雕刻品的形态，更与风景完美地结合在一起。但是，对我来说，这是个太过于符合期待的作品。坦白地说，当看到它的时候，我有少许压抑不住的害羞感。因此，在"啊——"之后，我不禁叽里咕噜地小声说："嗯，好像是月历上的照片呀！"这栋建筑乃是杰作中的杰作，这几乎是没有异议的；可是，"它是否太过于在意来自人们的赞叹与喝彩呢"的想法，以及"如

果没有观众，它是否会成为空虚的独角戏呢"的疑问，同时浮上了我的心头。各位读者，这个地方的微妙，希望您能够了解。

在这里，我明知自己会遭到赖特粉丝的斥责，但我还是要说：在流水别墅周围飘浮的氛围之中，我嗅出了微微的炫耀和故弄玄虚的味道。

另外，虽然阶梯式座位是极为稳当的设计，可是从这个地方向流水别墅看时，还有个要注意的地方。

流水别墅的魅力之一，就是在水平线和垂直线的对抗中保持了微妙的平衡，让人觉察不出失调感，而它就以这样的状态矗立在风景之中。我在眺望中突然间明白了这种"无失调感"。其实，在流水别墅建成之前，水平线与垂直线就已经绝对地支配着这里的风景了。不用说，水平线就是溪流的水面，而垂直线则是流落的瀑布……

赖特把建筑物自身所构成的水平线与垂直线的新秩序，悄悄地以刚刚好的尺寸，嵌在了那由水平和垂直所支配的风景之中。

炉床

我经常强调"在平面图中行走"的效用，可惜的是，赖特建筑空间的妙处很难从平面图中读取，即使从照片中也无法品读出来。只有将自己委身在那个空间里，在里面移动，伫立在那里，用肌肤接触那里的空气，才能感觉到那份愉悦。没错，除了直接去那里感受，别无选择。

抬头看着左边的流水别墅，走过桥，转入弯曲的小径，穿过水泥藤架下条状的光和影，到达有如洞穴一般狭窄微暗的入口——这条通道本身就像一则小故事。之后真正的故事，从这里便拉开帷幕。推开玄关大门进入室内，依然像在洞窟里，在低矮的天花板和狭窄的空间中，备受压迫的身与心渴求着光亮与伸展，就这样在不知不觉之中爬上了一旁的楼梯。接着，在这里，你将同时被有如解放般的开放感与横形长窗所框出的大自然美景所包围。这里正是流水别墅的起居室。在起居室的中央部分，有一个宽敞、空旷的空间，而围绕着这个空间的房间四周，设置了各种各样拥有不同坐卧感觉的角落。这个场景，让我想起了某栋阿拉伯建筑的室内……写到这里，嗯，赖特的空间，毕竟还是无法用言语来传达呀！详细说明就免了，只说一件在我心中留下深刻印象的事吧！

在我踏入起居室的一瞬间，牢牢抓住我视线的是有如扇钉一般成为房间重心的暖炉和暖炉的地板。赖特在暖炉四周所酝酿出来的舒适的坐卧感觉，显现了他天才级的高超技术。这个暖炉有一种趣味，把不讲排场的坐卧感觉与远古的居住记忆联系在了一起。另外，务必要留意的是，赖特让原本在这片土地上的岩床保持裸露状态，直接用作起居室的暖炉地板，这是多么别出心裁的做法啊！

流水别墅的一位建造人员给我讲了一段饶富趣味的往事。在决定建筑的位置时，他在建筑用地的斜面上问道："赖特先生，起居室的水平线要定多高呢？"

"试着爬上那里的那块岩石，对啦，现在你站在上面的那块岩石，就是起居室的水平线！"赖特这样回答。

结果，那块岩石就成了暖炉的地板、起居室的中心，以及整栋建筑物的中心。

尽管暖炉通常都叫作壁炉，但是根据平面图的注记，赖特并没有采用这个叫法，而是称之为炉床[1]。"炉床"这个词还有"壁炉前的地板"和"家庭"的意思，我思考了这些意思之后，自认为更清晰地理解了赖特试图想完成的东西。

除此之外，我在建筑内部绕行之后发现，这个用石头堆砌成的暖炉壁，其实是与岩石块以直角咬合的方式建造起来的，而建筑物则以结构方法控制住斜面上的滑动力量。另外，在这栋建筑的主要梁柱的结构壁上，装了四根烟囱，给排水、电气、瓦斯等各种配管和从机械室来的锅炉的排气烟囱，也全部集中在这里。

这件事情吸引了我的目光。

所谓具有建筑特质的东西，不只是在瀑布之上伸出令人屏气的悬桁阳台，还有空间里那些令人怦然心动的巧妙开合的手法，以及那些引人注目、构想新奇的家具等等。真正体现出赖特建筑特质的是，把暖炉称为炉床的这种精神，以及在平面图上反映出的没有勉强、没有浪费的结构计划与设备计划，还有像必须有烟囱的起居室就一丝不苟地上下重复做了四根这种事情。

赖特身为建筑家的真正实力和制造浪漫的本领，还有流水别墅的真正价值，坚实地藏在第一眼就觉得是一面堆砌得很漂亮的石壁厚墙里，您的看法是什么呢？

1
炉床，赖特没有用 Fire Place，而是用的 Hearth，这为了表现他特别的建筑精神。——译者注

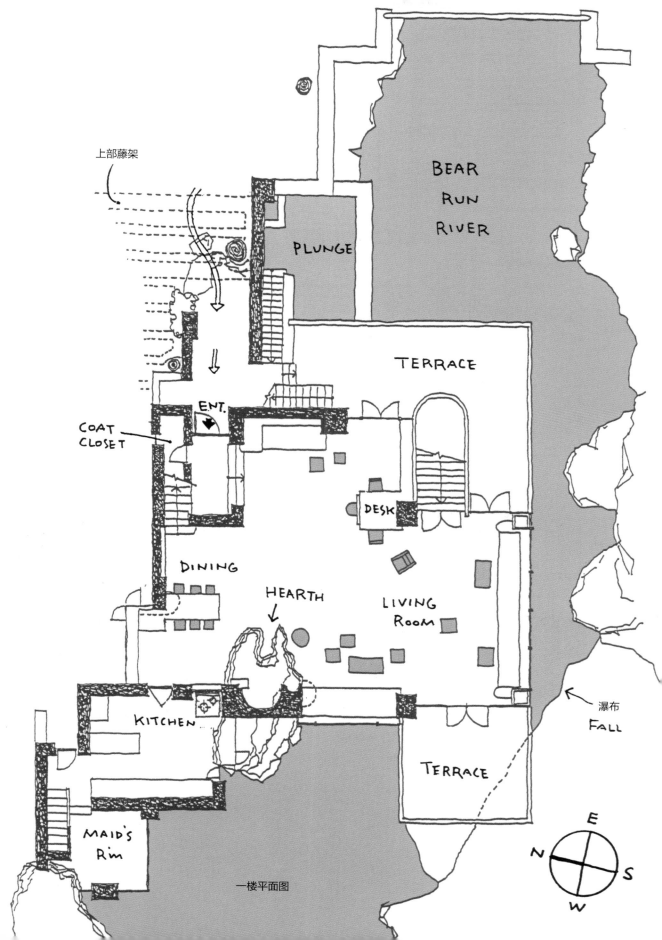

上部藤架

BEAR
RUN
RIVER

PLUNGE

TERRACE

E.NT.

COAT
CLOSET

DESK

DINING

HEARTH

LIVING
ROOM

瀑布
FALL

KITCHEN

TERRACE

MAID'S
RM

一楼平面图

E
N — S
W

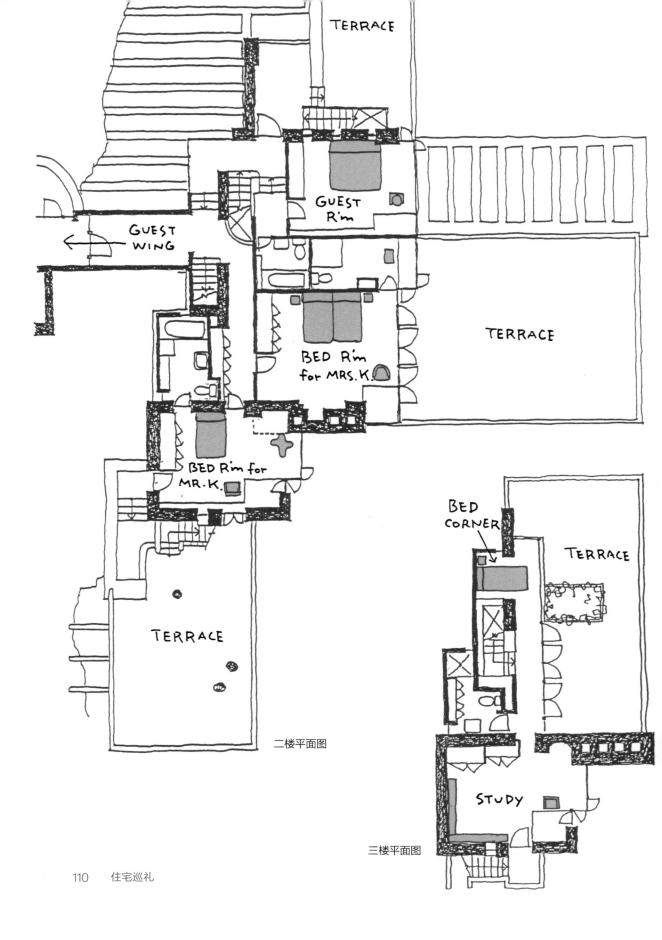

TERRACE

GUEST
WING

GUEST
R'm

BED R'm
for MRS. K.

TERRACE

BED R'm for
MR. K.

BED
CORNER

TERRACE

TERRACE

STUDY

二楼平面图

三楼平面图

委托人登场

赖特在向委托人说明这个设计的时候，必定是站在委托人的立场来描述的。例如，"埃德加，你早晨起床后，走下这个吊梯，可以到冰冷的河川里游泳"，或者"莉莉安，你可以在这个阳台上倾听瀑布的声音，同时享受午后读书的乐趣"，或者"你们夫妇两人可以在这个花园平台上迎接客人"，诸如此类。

赖特这种把生活感觉的血液输入建筑的方式，无疑使考夫曼一家对他抱有特别的亲近感和信赖感。当然，双方之间也有小小的分歧。

"在赖特与我们家所发生的关于设计的争论之中，最激烈的恐怕是阳台扶手等水泥部分该如何做最后的修饰的问题。"小考夫曼述说了半个世纪前的争论。

令人惊讶的是，有一次，赖特说要把屋内和屋外所有的水泥全部贴上金箔。他忘不了在日本旅行时所见到的金箔屏风壁画的魅力，因而想试着在流水别墅上做金箔的装饰。我觉得他可能有"好歹是有钱人"的想法吧！可是，考夫曼一家对于自己别墅的想法是，虽然不至于弄得太朴素，但也不想太花哨，因此这与本质上喜爱华丽的赖特就有了冲突。双方紧张的书信对话、考夫曼设法说服赖特中止金箔装饰计划的苦恼，还有最后一家人终于松了一口气等景象，好像一一浮现在我眼前。

这位考夫曼先生，似乎对建筑具有相当好的眼光。据说，他对建筑物有意见和想法时，会毫不畏惧地向赖特提出。例如，镶死的无框玻璃直接嵌入石砌墙壁中的构想，以及将自然裸露的岩石直接用作暖炉地板等，似乎都反映了考夫曼先生的意见。

这样饶富趣味的故事，是我在参观流水别墅时，在美术馆的商品部买了录像带后才知道的。

录像带中除了珍贵的影像，还收录了60年前柔和的阳光，以及为小考夫曼和当时赖特的弟子们聊天的爽朗笑声所包围的小故事。

（1997 年 11 月）

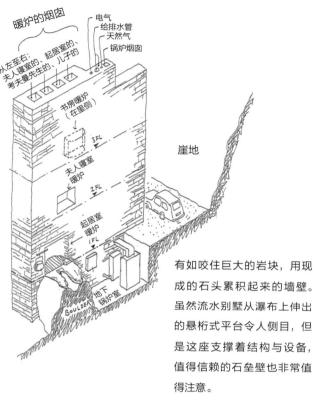

暖炉的烟囱

从左至右：
夫人寝室的、起居室的、
考夫曼先生的、儿子的

电气
给排水管
天然气
锅炉烟囱

书房暖炉
（在里侧）

3 FL

崖地

夫人寝室
暖炉

2 FL

起居室
暖炉

1 FL

BOULDEAL

地下
锅炉窒

有如咬住巨大的岩块，用现成的石头累积起来的墙壁。虽然流水别墅从瀑布上伸出的悬桁式平台令人侧目，但是这座支撑着结构与设备，值得信赖的石垒壁也非常值得注意。

请注意正面垂直的石垒壁。这面墙壁仿佛是咬住这块土地原有的岩块而建造起来的。它是流水别墅的结构和设备中类似于主梁的墙壁。

起居室内部的书房。右边有一个与建筑物采用了同样的悬桁工法（即板子单边固定，往外伸出的样式）的固定式桌子。矮书架的另一边，有收藏降至水边的吊梯口。

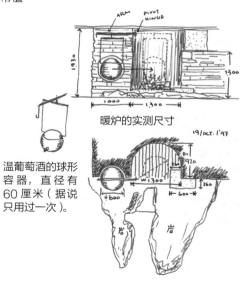

ARM
PIVOT HINGE

1930

1300

1000   1300

暖炉的实测尺寸

19/OCT. 1'97

温葡萄酒的球形容器，直径有60厘米（据说只用过一次）。

D. 920

W. 1300

260

600

600

岩

岩

考夫曼先生室内书房一角。固定式书桌的桌面，为了单边开的玻璃门
而被切成了 1/4 圆。成直角的那个角上是可以打开的钢框玻璃窗，这
点也非常值得注意。

从起居室的平台望向玄关。在玄关大厅前面的角落，放置有音响设备，称为音乐壁龛。

考夫曼夫人寝室暖炉一角。这个家的一个特征是，夫妇各自拥有一个房间。或许考夫曼先生是个打鼾、磨牙、说梦话的人……

衣柜内部的抽出式搁板。该地湿气甚重，为了通风，使用了中间为网眼式藤编物的搁板。橱柜门使用的是特制的胡桃木横纹合板。

被称为"炉边"的暖炉周围的布置。巨大如酸浆果的球形容器，是用来温葡萄酒的工具。轻轻地旋转，便可以将其放到火上面。

这个寝室角落是由小考夫曼自己设计的，小巧玲珑，坐卧感觉看起来很不错，并且朝阳可以照射到这里。这个角落约两个半榻榻米大小，原本像是多出来的、没有用途的空间。

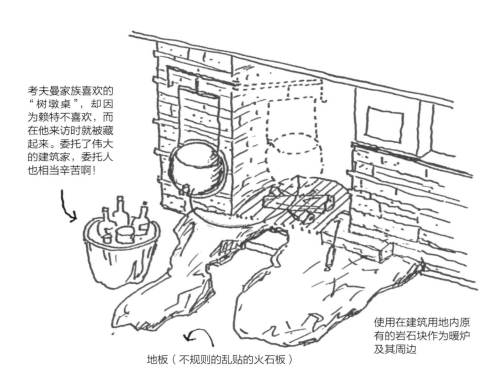

考夫曼家族喜欢的"树墩桌"，却因为赖特不喜欢，而在他来访时就被藏起来。委托了伟大的建筑家，委托人也相当辛苦啊！

地板（不规则的乱贴的火石板）

使用在建筑用地内原有的岩石块作为暖炉及其周边

客房下面走廊上的轻盈屋檐。这个有如雕刻般的屋檐，展示了赖特无与伦比的
造型眼光。

位于正房后侧的高台的客房，是在正房落成后约两年的 1939 年完成的。同样
的地方，以前有一栋山上小屋。建筑物的一部分是车库，上面是佣人的房间。
客房的面积约为 53 平方米，由起居室、寝室、卫浴室组成，拥有明快的平面
结构。如果再有一间小型的厨房，它就会是一栋很有魅力的小住宅。与寝室连
接的平台甚至有游泳池，真是尽善尽美，无微不至。

难道建造正房时的诸多困难，已经让工匠累了？客房竟比正房装饰得更漂亮。
不过，可惜的是，石头堆积的墙壁让这个房间失去了山庄应有的野趣。

客房平面图

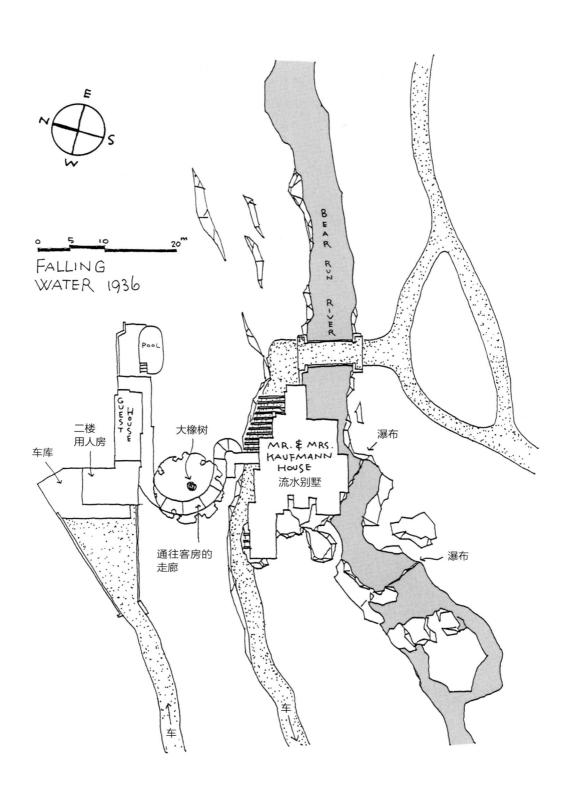

E
N S
W

0 5 10   20ᵐ

FALLING
WATER 1936

BEAR RUN RIVER

Pool

GUEST HOUSE

MR. & MRS.
KAUFMANN
HOUSE
流水别墅

二楼
用人房

大橡树

瀑布

车库

通往客房的
走廊

瀑布

车

车

埃里克·贡纳尔·阿斯普朗德 Erik Gunnar Asplund

（1885—1940）

　　埃里克·贡纳尔·阿斯普朗德毕业于斯德哥尔摩皇家科技学院建筑系，20
岁开始以自由建筑师的身份，积极参加各种国际比赛，并接连不断地获得工
作。斯德哥尔摩的森林公墓（Woodland Cemetery）就是国际比赛的头奖作
品，从设计到建造完成，它前后耗去了阿斯普朗德 25 年的时间。森林公墓完
成的那一年，他因心脏病发作而突然离世。这个作品毋庸置疑是他的生涯代表
作。比起同时代的柯布西耶等人，阿斯普朗德算是低产的建筑家，他一生所完
成的作品，大大小小加在一起，不过 20 余件而已。这里将要讨论的夏季别墅
（Summer House），是他 52 岁时的作品。

　　翻阅阿斯普朗德的作品列表，让人值得注意的是，在他的工作之中，与死
亡有密切关系的"礼拜堂""纳骨堂""火葬场""墓园"等项目异常地多。

　　阿斯普朗德的代表建筑作品有夏季别墅、追思教堂（Woodland Chapel）、
森林公墓、斯德哥尔摩城市公共图书馆（Stockholm City Library）、斯内尔曼
别墅（Villa Snellman）等。除此之外，他还留下了许多洋溢着不可思议的魅力
的家具作品。

阿斯普朗德的夏季别墅

瑞典 ｜ 司提那斯 ｜ 1937 年

道路指南

6 点整。

我在位于斯德哥尔摩老城[1]的纳尔逊爵士饭店里一个布置成船舱风格的舒适房间中醒来。正当我情绪愉悦地要去淋浴的时候，柜台来了电话，说："刚刚有个传真进来，是我们给您送去，还是您自己来取呢？"这么一大早就发生的事，我想八成是我的员工送来的信件吧。我急急忙忙地装扮了一下就下楼了，结果，这传真不是从东京来的，而是来自昨晚深夜刚在饭店酒吧告别的约纳斯·沃尔曼（Jonas Vöhrmann）。

沃尔曼先生是夏季别墅的设计者阿斯普朗德的孙子辈。接受了我这个无论如何也要取材的死硬要求，*confort* 编辑部的海外取材协调部门尽了全力，向瑞典建筑师协会及其他单位广撒网，为我找到的人，就是他。

我从日本出发之前，曾与沃尔曼先生通过传真和电话，他那种恳切叮咛、中规中矩的待客态度，以及心思纤细、绵密周到的性

1
斯德哥尔摩（Stockholm）的名称，在瑞典语中指的是木头（stock）和岛（holm）。13 世纪之前的某个时候，维京人开始在一座小岛上建设城市，这座小岛就是现在斯德哥尔摩市中心的老城（Gamla Stan）。——译者注

格，引起了我的兴趣。

沃尔曼先生以"在何年何月的何时，搭乘从哪里出发的飞机，到达何处"这样的问题开始，然后在"希望参观阿斯普朗德的夏季别墅的准确人数有几人，参观时间预定从几点钟开始，大概希望有多长的参观时间""在参观者之中，是否有持国际驾驶执照，而且具有国外驾驶经验的人""在斯德哥尔摩是否有确定居住的合适酒店"等问题询问完毕之后，又传来了三封前往夏季别墅的传真，分别是公交车、电车、出租车（附带有给出租车司机看的瑞典文注释）的行驶路线图，真是周到的安排啊！而且，在信件的最后，他还很客气地加了几行："好像日本有一种陶制的，剪起来非常锋利的剪刀，不好意思，可以帮我买一把吗？当然，钱一定会付的……"这位仁兄到底是个什么样的人呢？我的好奇心不由得被勾起来了。

由于沃尔曼先生说了"到达斯德哥尔摩的时候，请立刻打电话给我"这样的话，我在酒店登记之后马上给他打了电话。他说："今晚我会去你住宿的酒店，再跟你确认一遍行程路线。"就这样，他昨晚特地到酒店来探望我。

通过传真和电话，我觉得沃尔曼先生像是个认真、正直、一板一眼的银行职员，结果真实的他完全出乎我的意料。沃尔曼先生穿着夹克，身高约2米，是个直挺挺的大汉。矮小的我，和他并排坐在需要攀爬才上得去的酒吧高脚凳上。突然，我看到他的脚不是放在吧台的横杠上，而是好端端地踏在地板上，而且腿的长度好像还有余裕！

接着，沃尔曼先生以流利的英语，一边画着图，一边仿佛嚼碎食物喂孩子似的，又好像教导学生一般，恳切地为我说明到夏季别墅的路途顺序。

如果从后面看我们两人的模样，应该就像一个在森林里迷路的小孩正在向巨人般的森林管理员问路吧。我一边想，一边拼命地记笔记。

而今早来自沃尔曼先生的传真，是所谓的"再再确认"，也就是把昨晚所说的内容再次一丝不苟地用文字处理机誊写的去往夏季别墅的道路说明。

愉快地踩在没有铺设的道路上，穿过从树干间隙露出的阳光，登上有点儿坡度的小坡道。好一条魅力十足的道路！居于正中的建筑物，感觉是在用笑脸迎接我们。

从峡湾越过沼泽地望向夏季别墅。从左边开始,长长的栈桥、两间红褐色的小屋以及夏季别墅,全部(即使是系在栈桥上的小船)都朝南。

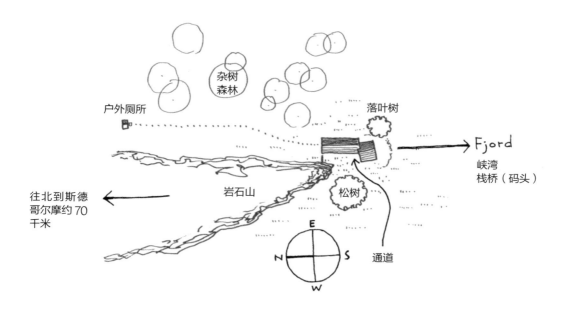

南北轴线

多亏了沃尔曼先生的帮忙，从斯德哥尔摩市内算起，超过 70 千米的路途，我们没有任何不安，并在约一个半小时后顺利地到达目标——夏季别墅。

车子停在隐约可以看到夏季别墅的林间小路上，然后我们再徒步接近它。当终于实地拜访多年来苦苦相思的建筑时，我目不转睛地看着它，如果不从远处开始就放慢行走的脚步，我实在无法压抑怦怦乱跳的一颗心。其实无须提到约翰逊的"务必走着接近建筑"这句话为例证，若想体验长长的道路，增加对建筑的期待感，没有什么比徒步这种节奏更适合了。从这个意义上说来，夏季别墅的确建在了一个理想的位置上。穿过杂树森林斑斑点点的树影，登上些许弯曲平缓的山坡路，这真是一条魅力十足的路。随着继续向前行进，视野逐渐开阔，不知何时，打理得非常好的草地逐渐向四周扩展而去。左边有高度六七米、形状如细长鞋尖的花岗岩山丘

逼近，右边从沼泽地延续到峡湾则是美丽的风景。接着，正面就是覆盖着切妻屋顶[1]、有着白色外墙的夏季别墅，它正在那儿等待着我们。

昨夜，沃尔曼先生说："爸，您一定恨不得立刻想向日本来的参观者说说我们家自豪的地方吧……"此刻，这位沃尔曼先生的父亲，正堆着满面的笑容，到门廊处来迎接我们呢。

1
切妻屋顶，如同中国传统悬山式屋顶，其特征是两边的屋顶像是一本打开的书，呈一个三角形。——译者注

在进入建筑之前，我先试着爬上建筑背后的那块岩石，为的是从高处事先确定建筑与周边的位置关系以及与方位的关系。关于阿斯普朗德在丰富的大自然风景中，究竟用了什么样的方法来处理这栋建筑，无疑爬上那座岩石山放眼瞧瞧是最好的方法。其实，这个方法并非我的独创，凡是到这里访问的人，好像都想得到。我从岩石山上俯视所拍摄的夏季别墅的照片，与阿斯普朗德书中的照片，角度完全一样。

爬上来看看果然是值得的。朝左下方俯视，是夏季别墅的切妻屋顶，正前方则是令人眼前一亮、值得极目远望的湛蓝的峡湾美景。这个景色瞬间牢牢地抓住了我的心和眼睛，陶醉了片刻之后，我再度把眼睛转向脚下的建筑，稍微思考了一下它的配置问题。

夏季别墅有两条角度不同的轴线，其中起居室那条轴线的角度是向东偏约7°，另一条轴线则完全与南北轴重叠。我在平面图上确认了这件事，但是为什么要做成这样呢？其实，我从以前就开始注意到这件事了。一旦把建筑配置成这个方向，餐厅—厨房与两个寝室的日照就只限于中午之前了。门廊的檐下深处和内部走道会遮住午后温暖的阳光，这就导致重要的室内光线照不进来。在北欧，不只是人，就连房间多少也应该喜欢长时间的日照。那究竟为什么要做成这样呢？一个可能的解释是，这栋建筑是为了夏天而建造的别墅，凡是来这里的时候，人们在可能的情况下，都在从事户外活动，充分地享受日照。可说是这么说，这并不能成为即使房间日照不足也无妨的理由呀！对于阿斯普朗德而言，一定有什么理由，让他必须采用这种南北轴的配置方式。

思考到这里，我突然想起刚才坐车来的那条马路，那是一条从斯德哥尔摩笔直南下的道路。另外，这栋建筑所在的半岛也是南北细长延伸的，而此时我正在站立的地方，正是有如背脊一般贯穿了整座半岛的细长岩石山的最南端部分。整个地形朝着峡湾缓缓地倾斜。总之，在这里，半岛也好，岩石山也好，地形也好，都具有从北向南流动的强烈方向性。

那么在这里，"意识也同样从北向南流"，这样说应该也可以吧？我突然警觉地发现，不知何时，我自己心中也具有了南北的方向性。换个说法，"在这片土地上，东西向的细长建筑物是行不通的啊！"这样的氛围，支配了这里的一切。

不单是建筑，阿斯普朗德在他的代表作森林公墓的景观设计上也展现出了独创性。每个到那里访问的人都本能地感觉到，这个景观设计的工作，是从土地潜在的性格、对地灵的独特感受以及对它的崇敬之心所产生出来的。

因为是阿斯普朗德，所以毋庸置疑，即使知道缺乏日照的不利之处，他也不会把建筑物配置在东西轴线上，而造成像水坝一样阻断了半岛、道路、岩石山、地形因倾斜所形成的"流动"和"方向"。

在这里，我要暂停一下。

或许是出于设计师的习性吧，我通常会这么思考：如果这块建筑用地给到我，我会如何去看，如何判断，如何设计呢？若由我这个执着于坐卧感觉的人来设计，我似乎依然不会放弃午后房间的日照。沐浴在柔和的午后阳光中读书和午睡，说什么也不想舍弃啊！但是一想到要把建筑物配置在东西轴线上，正如前面写的，我会感觉到一股强大的抵抗感。

结果可能就是，我会弄一个不向南北不向东西，没有方向性的建筑物。例如，全部的平面都做成正方形，把所有的房间都摆在里面。

在细长的岩石山的前端，建造一栋形状有如感叹号"！"下方的点、没有方向性的建筑物，我想这也算是一种解决方法，您觉得呢？

从别墅背后的岩石上望过去的风景。两栋切妻屋顶线稍微错开地组合在一起。

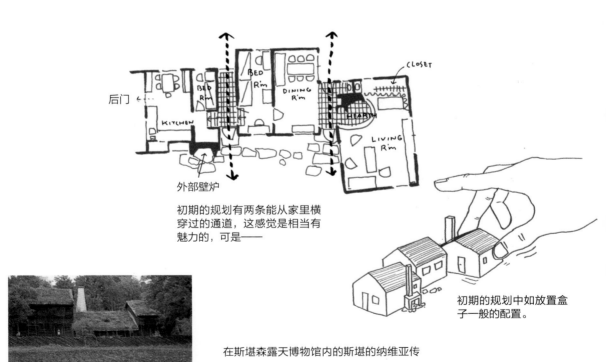

初期的规划有两条能从家里横穿过的通道，这感觉是相当有魅力的，可是——

初期的规划中如放置盒子一般的配置。

在斯堪森露天博物馆内的斯堪的纳维亚传统民居。连续的切妻屋顶和烟囱，不禁让我想起夏季别墅初期的设计方案。

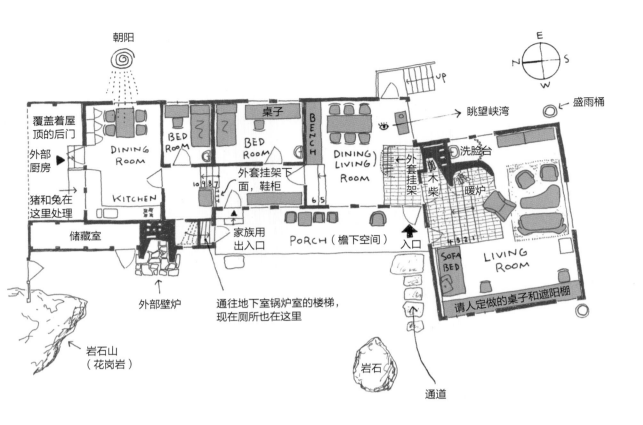

朝阳

N E S W

覆盖着屋顶的后门

外部厨房

猪和兔在这里处理

DINING ROOM

BED ROOM

BED ROOM

桌子

BENCH

DINING (LIVING) ROOM

眺望峡湾

盛雨桶

KITCHEN

储藏室

外套挂架下面，鞋柜

10 9 8 7

6 5

外套挂架

洗脸台

木柴

暖炉

外部壁炉

家族用出入口

PORCH（檐下空间）

入口

4 3 2 1

通往地下室锅炉室的楼梯，现在厕所也在这里

SOFA BED

LIVING ROOM

请人定做的桌子和遮阳棚

岩石山（花岗岩）

岩石

通道

压低的屋檐所覆盖的长形入口门廊。午后这里成为有如向阳处的外廊。正面是地下室里锅炉室的门，现在厕所也在地下室。即使从屋檐的前端，也可以窥见细心的配置。

通道西向的立面。我想您可以看出来，建筑用地缓缓向南下降的样子。全白的外墙，采用的是上漆的横向松木板条。

规划根源

差不多 6 年前我第一次访问瑞典的时候，在顺路的一家书店中，发现了一本 1988 年由伦敦建筑杂志社出版的《埃里克·贡纳尔·阿斯普朗德》小册子，便买了下来。这本不过 138 页左右的书，收录了很多素描和平面图，这些都是保存在斯德哥尔摩建筑博物馆里有关夏季别墅的资料。书是薄了点，不过很值得读。在本书收录的素描中，阿斯普朗德在夏季别墅的设计过程中反复推敲的痕迹以及他的执着，都清楚地呈现了出来，真是百看不厌啊！

对于夏季别墅，我的正方形设计没有可行性吗？其实，在读了这本书之后我才知道，阿斯普朗德在夏季别墅上没有采用正方形设计的理由，比起采用细长形设计的理由，更容易让人理解。只要看过这栋住宅最早期的平面图素描，就能够明白了。原先的计划是，将这栋住宅分为三截，使其呈横向一字排开的形状。而且，每一栋与每一栋之间都设置

了一条通道，人可以从建筑物的前侧直接通往背侧（参看 129 页手绘图）。这个平面所具有的变通弹性动线设计让我很心动，可惜最后确定的方案是现在留下来的建筑：每一栋都连接在一起，能够直接横穿建筑的通道也没有了。

当然，这并不意味着早期方案比实际建造出来的建筑优异。我想，倒不如思考一下这个设计是如何经过研究讨论，最终形成了最后的确定方案。

让我们回到横长规划的话题上吧！现在的两段切妻屋顶，不过勉勉强强保留了早期方案的一点儿痕迹。原本的规划是三栋连接在一起，所以我之前说过这栋建筑物是横长形的。

有关早期规划中三栋式设计的根源，在我前面介绍过的那本书里写道："可见这受到了来自瑞典传统民居的影响。"关于这个说法，我完全同意。原因是，在参观完夏季别

墅两天后，我去参观了斯堪森露天博物馆，这里集合了斯堪的纳维亚半岛的民居，即所谓的民居聚落。当亲眼见到这些民居时，啪！我一巴掌拍在大腿上，瞬间豁然开朗。因为三段式切妻屋顶的外观、烟囱的位置和形状等，都不禁让我立刻联想起刚刚才看过的夏季别墅。进一步说的话，是那个早期规划的素描。

"就是它啦！"我在心中下意识地叫了出来。

收尾

在这里，我想先请读者仔细地看一看现在的平面图（130页上图）。

说起来也许会被人耻笑，其实在某个时期，我喜爱那种有着难以名状的魅力的平面图，甚至因为喜爱而产生了一种类似于恋爱的感觉。不要惊讶，确实有建筑师与平面图谈恋爱的事哦！然后我会无论如何也想拜访这栋建筑，与之会面，然后沉浸在那里的空气中。使我产生这些想法的，是只看一眼就毫无理由地夺走了我的心的平面图，以及后面我将会提到的壁炉照片。

这幅平面图最大的特征和魅力，在于起居室部分错开一点点的角度，所产生的歪斜的形状。这么一来，在入口门廊的附近，就形成了仿佛张开双臂迎接访客入内的氛围，而且让建筑物有了平易近人、放松的感觉。

虽然近代建筑运动和现代设计高举明快的整合性、合理性和逻辑性等大旗，但是这栋建筑物的"歪斜"不但与这些教义完全没有关系，还把它们当作耳边风，反而阐释了不透明性与暧昧。即便如此，它却酝酿出了不可思议的芳香和深沉的韵味。这种难以形容的柔和的感觉与浓郁的滋味，是很难用道理说得通的，所以我必须说，唯有对建筑拥有稀有的直觉与才能，以及拥有变通弹性精神的人，才能创造出这样的作品。

稍微离题一下，在建筑设计的世界中，有一个叫作"收尾"[1]的专门用语。在谈到物体与物体的邻接部分与接合部分，或者是突

1
日文称为わちまり（Osamar），中文没有意义相同的用语，勉强译为"收尾"。——译者注

出部分的处理方法等的好坏、巧拙时，经常使用它。例如，地板与墙壁的收尾不太好，或者扶手的安装部分收尾很漂亮。除此之外，这个词有时也用来表现设计者应有的心情状态。"那样的普通做法，无法收尾"这句话，不光是指实际事物的处理或者结束，还提及了那个设计者的心情的收尾。我上文所说的"稀有的直觉"，其实也含有收尾的意思。阿斯普朗德作为设计者，对于单纯的矩形，说什么都不会满意，而 30°或 45°这一类三角板的角度也不能满足他，所以这种情况压根

儿无法收尾。这种错开的调整、微妙的角度移动，都是建筑家阿斯普朗德的呼吸、风格和心情的映照。

关于这个魅力的"歪斜"的产生背景，我想再写一件事。读者们，如果您还记得当初这栋建筑原本是考虑做成三间小屋的集合体的话，就更容易理解了。我想，最初阿斯普朗德的确想过要将建筑做成三个盒子并列的模样，于是他这样摆摆那样摆摆，当起居室的盒子摆得有点斜斜的时候，总算满意了。不过，以上纯属我的想象。

设置了固定式长形椅的餐厅。这里有一个坐在长椅上可以眺望峡湾风景的
大窗户。长椅下置物柜的竹（藤？）制门，也是阿斯普朗德的设计。

起居室的入口。从楼梯上往下看的房间
全景。不管是壁炉的形状，还是摆在那
儿的家具的愉快感觉，都让人觉得好像
是在童话的氛围中。

从餐厅或者上面的起居室望向朝
着餐厅—厨房的通道。与门廊平
行的这条通道，随着地形逐渐顺
着楼梯上去。

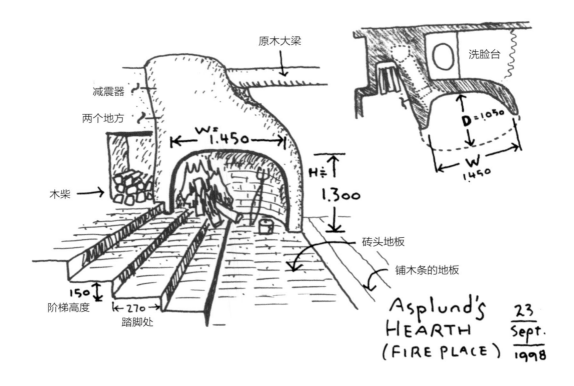

原木大梁

减震器

两个地方

W= 1.450

木柴

H= 1.300

洗脸台

D=1.050

W 1.450

砖头地板

铺木条的地板

150

270

阶梯高度

踏脚处

Asplund's HEARTH (FIRE PLACE) $\frac{23}{Sept.}$ 1998

从起居室向下走的通道上，有一个形状可爱的壁炉，我经过时不禁想抚摸它。

我想叫它"姆明"的心情，想来读者是能够体会的。

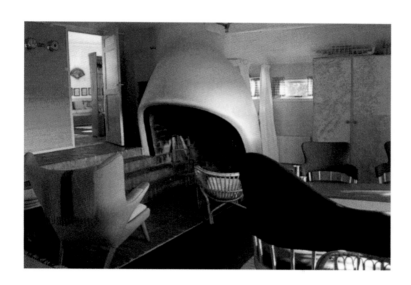

传统民居内部，仿佛有着活物般表情的壁炉。在房间的角落建造壁炉，是地方民居的传统手法。壁炉右边布帘之中有个卧铺，暖烘烘的，好像睡起来很舒服。

起居室。入口阶梯处具有特色的壁炉。叼着烟斗的男子，坐在这里的阶梯上，望着火出神。这张杰出的照片，把我引诱到了瑞典。

姆明[1]

从入口进入建筑内部后是餐厅，其实它更像是一间起居室。因为这栋住宅的其他地方还有另一个餐厅—厨房，所以正式的餐厅就在这里。"上面的起居室"，与先前角度歪斜、有着壁炉的大起居室，是有所区别的。门内的部分和从这儿延续至起居室的阶梯部分（这里的角落有壁炉），上面铺着砖头，用砖的侧面作为外立面，这个地方残留着最早期计划将此处设定为通道的感觉。

进门后立刻向右边走便是起居室，可是，在感觉上它却不像起居室。一旦进入房间，从借着房间的错位而形成的南面大窗处就可以眺望峡湾的风景，动线好像逆着"の"字一般地画出逆时针方向，因此从进门就会让人想进入起居室。这个动线在厨房也是在逐渐地往下降，总之，与自北向南的这个方向仍是有关系的。因此，这么一来，也许我可以这样说：人们会想把藏在体内的方向感做轨道修正吧！

1

姆明（Moomin），姆明的故事发生在海洋和森林间充满爱和宽容的童话里。温馨的动物世界，不经意间散发出淡淡的人际相处的道理，也在平和地追寻着宇宙的真理。芬兰画家、卡通插图画手、作家托芙·扬松（Tove Jansson）是姆明的妈妈。——译者注

接着，就这么走入起居室，之前一直是问题的平面"歪斜"，在感觉上却是非常自然的事情。或许可以这么说，假如没有这一点点的"歪斜"，那这个房间就成了标准的正四方形，硬邦邦的感觉或许会让人觉得有点儿失调。另外，造成这个"歪斜"的"罪魁祸首"，总觉得是那个把下降至起居室的楼梯直接大口吞吃了的壁炉。壁炉的模样仿佛是某种温驯的大型动物，没错，这不禁让我联想起正好在斯堪的纳维亚的土地上诞生出来的姆明。也可以这么说，壁炉蹲在入口附近，为了烘托出贴近进入起居室之人的氛围，起居室稍微蠕动而形成了现在的这个角度。

以前日本的民宅里，家中这里那里到处摆着神明，比如灶有灶神。而我不自觉地感觉到这里有位无比重要的神明，就住在这个大壁炉里。此刻，我突然发现自己从最初看到这个壁炉的照片开始，就深深地为它而着迷。

为了抚摸这个圆滚滚的壁炉，我坐在它旁边的阶梯上；为了倾听壁炉所讲述的沉默的童话，我被带到了斯堪的纳维亚半岛的前端。

妖精和巨人居住的森林

在北欧，除了阿斯普朗德之外，我还有其他非常喜爱的建筑家，比如阿尔托。诞生出这些建筑家的北欧，它的魅力究竟是什么？我试着重新问自己，但能想到的只有深邃的森林、湖和雪原、隆冬漆黑的夜和长之又长的白夜之夏，以及守护着人们生活的火。

妖精和巨人的传说与神话，是由美丽而严酷的大自然和潜藏着原始神秘的风土所孕育出来的。而将这些神话和传统完全融入建筑之中的人，我想除了他们也没有其他人了。

我认为在目前，勉强算到丹麦为止，那些所谓的席卷世界的建筑和现代设计的教义，根本无法进入斯堪的纳维亚深邃森林的底部。这对于特别喜爱在建筑中孕育"梦"和"幻想"的人来说，是非常愉悦的事情吧。

这么说来，之前那位为我介绍夏季别墅路线的沃尔曼先生，或许也可以认为是原本就住在森林里的亲切的巨人吧！果真如此的话，他那所有不可思议的个性，似乎就很容易理解了！

（1998 年 9 月）

具有个性的形状和姿态的阿斯普朗德家具。如果安东尼奥·高迪（Antonio Gaudi）的家具被称为"异形"，那这些与之大异其趣的家具就可以被称为"清楚的异形"。

夏季别墅起居室的长椅子与咖啡桌。阿斯普朗德的家具洋溢着幽默感和童话的味道，仅这一点就不是现代设计所能望其项背的。

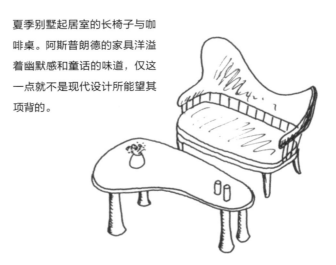

起居室天花板的高度，在房间的角落特地压低到手能够轻易触及的高度，这使得整个房间洋溢着亲密的感觉。

简洁明亮的厨房。合成梁直接露在外面，天花板直接用椽木钉上去。梁上的横棒所撑托的天
搁板，用来晾干在这栋住宅周围所采集的菇类。

逐渐成为阶梯的通道部分，最深处是餐厅—厨房。左手边有个内玄关的入口。因为在这里可以见到外套挂架和换穿的鞋子，所以这家人好像是从这里进出的。

厨房内的餐厅。这个房间因朝向东面的缘故，朝阳应该能从正面的窗户照射在餐桌上。

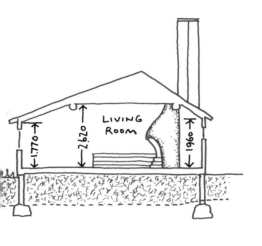

后门是个充满生机的户外工作场所。在这里处理狩猎来的猪、野兔、野鸟
等，同时清洗摘来的根菜类植物，这是个与户外生活密切相关的地方。

东侧的立面。由于地形的关系，从这里看过去，建筑显得格外大。

位于住宅后面，杂树林中的厕所。去这里上厕所毕竟不方便，所以现在在地下室也有厕所。沃尔曼先生说："小时候晚上去上厕所，非常恐怖！"想必是吧！

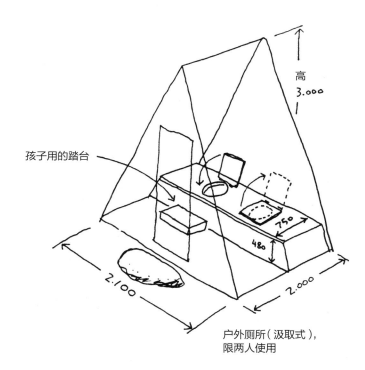

孩子用的踏台

高
3.000

750

480

2.100

2.000

户外厕所（汲取式），
限两人使用

马里奥 · 博塔 Mario Botta

（1943—）

  1943 年，马里奥 · 博塔出生于瑞士提契诺（Ticino）的门德里西奥（Mendrisio）。从年轻时开始，他就一边读书一边参与设计实践活动。1969年，他从威尼斯大学建筑学院毕业，并开始一位接一位地师事 20 世纪建筑巨匠勒 · 柯布西耶、路易斯 · 康、卡洛 · 斯卡帕（Carlo Scarpa）等人。1970年，博塔在瑞士的卢加诺开设事务所。之后，他接连不断地发表话题性作品，成为瑞士的代表性建筑家。他的使用混凝土的住宅，与安藤忠雄的作品有相通之处。

  博塔的代表建筑作品有圣维塔莱河住宅（Casa Riva San Vitala）、里格纳图独家住宅（Casa a Ligornetto）、斯塔比奥圆房子（Casa Rotonda Stabio）、旧金山现代艺术博物馆（San Francisco Museum of Modern Art）等。

马里奥·博塔的里格纳图独家住宅

瑞士 ｜ 提契诺 里格纳图 ｜ 1976 年

圆眼镜

柯布西耶有一间属于自己的休闲小屋，将其当作夏日别墅使用。这间小屋位于地中海蔚蓝海岸的东端，马丁岬的底部附近。关于它，我有点儿事情想调查，于是在访问瑞士里格纳图之前就顺道去了。

我把这次行程写得这么清楚，是因为迄今为止我拜访这间小屋已经 4 次了，说起来对那里也相当了解了。村公所负责管理的女士帮我打开了锁，我拍摄了一些内部的照片，又简单地测量了几个地方，然后走到位于小屋正下方叫作"岩壁海岸"的地方，暂且享受一下冬天晴朗的天空下宽广湛蓝的地中海风光。

1965 年 8 月，异常喜欢海水浴的建筑家柯布西耶，在这个海岸游泳时因心脏病发作而离世。想起这件事，我的心就仿佛空了一样。

突然间，有个小疑问浮现在我的脑海：柯布西耶在最后一次游泳时，是否依然戴着他那副注册商标般的宽边圆眼镜？接着，古往今来那些戴圆眼镜的建筑师的面容，就像毕业纪念册一样，一个接一个地闪现在我的眼前。酷爱戴圆眼镜的建筑家相当多，注意到这件事的，应该不只我一个人。这些人之中，以柯布西耶为代表，约翰逊也是，贝聿铭和保罗·鲁道夫（Paul Rudolph）也是同好。在日本，内田祥哉和白井晟一等人也都是这种圆眼镜的爱好者，我想知道这件事的人应该很多。

继这些杰出的建筑家之后再说自己，我真觉得有点儿脸红。其实，已经没有老花眼镜随身就不行的我，也在最近刚定做了一副正圆的圆眼镜。

没错，这次"巡礼"的里格纳图独家住宅的设计者博塔先生，也是业界一致公认的"圆眼镜建筑家"。关于这件事，必须在这里先记上一笔。

总之，在参观过"圆眼镜建筑家"始祖

勒·柯布西耶的圆眼镜

马里奥·博塔的圆眼镜

我最近定做的圆眼镜

柯布西耶的小屋以后，我这个来自日本的
"圆眼镜建筑师"新成员，将要去拜访这位在
瑞士广受欢迎的"圆眼镜建筑家"博塔先生
的作品。

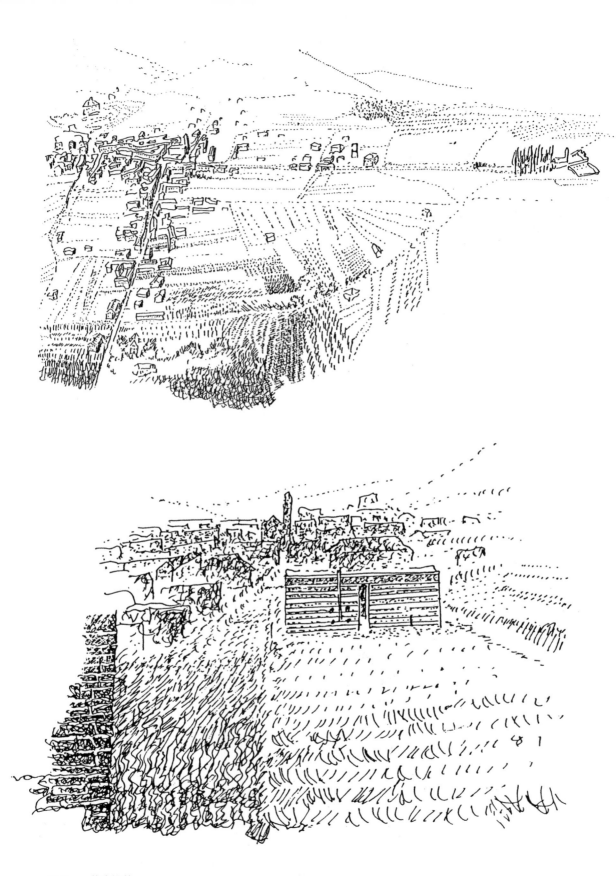

欲留名于"通道史"的斜向式通道杰作。对步行者而言，它的宽度刚好，路面的铺设让眼睛和鞋底感觉都不错，到玄关的距离也不远不近，这些全都无可挑剔。

类似于雕刻作品，没有家的感觉，具有魅力的"盒子"。关于混凝土这样简单、朴素的素材，博塔先生说："素材无贵贱，关键在于建筑师的能力。"

完全融入里格纳图内景中的条纹模样的简朴"盒子"。左边看起来若隐若现的建筑是孟德里索村的教会高塔。

从两栋建筑之间的狭窄通道望向车库的方向。初见时它并不起眼，但微暗的通道、刻画着不同层次光度的石地板等，总让人觉得这个空间仿佛是古老的民居。

通往位于建筑缝隙中的玄关的通道。右边的白门是锅炉室和仓库的入口，左边有玄关大门。左下的开口是通往车库的通道。

南侧立面的外观。在非常封闭的"盒子"上，可以窥见开口部分小心翼翼的样子。夹着缝隙，
上下错开的花园平台，给予这个立面一种绘画般的感觉。

使用中的住宅

这栋博塔先生的初期杰作里格纳图独家住宅，从它第一次在日本建筑杂志上刊登以来，已经有 20 多年了。

这里的问题不在于这栋住宅，而在于它现在仍有人居住。将一栋实际上还有人住的住宅开放给不认识的人参观，如果没有充分的理由，那几乎是不可能的。因此，我想出了那个"充分的理由"：这是一个以"住宅名作报道之旅"为名，将杂志社一起卷进来的策划案。这样的话，即使里面住着人，游客也可以事先取得访问许可，去访问的时候还可以照相，甚至有时还可以做做实地测量！

到目前为止，我已经参观过好几栋对外开放但已是空屋的历史性住宅了，如柯布西耶的"母亲之家"和里特维德的施罗德住宅等。而这次访问里格纳图独家住宅，我终于实现了自己多年来一直想参观使用中的住宅的愿望。

说起来简单，但其实这次访问的过程没有那么顺利。我的朋友葵·傅巴住在瑞士南部，与博塔先生相熟，她为我几经交涉，此次访问才得以实现。在一个多月以前，我就通过她委托博塔夫妇为我事先安排采访事宜，然后才前往那里。

可是，到了约定好的那天早上，我只想稍稍再确认一下，就请葵女士为我给博塔先生打了个电话。结果对方说："可以先来我的办公室一趟吗？"

"照片的话，专业摄影师拍摄的照片有很多，你们可以直接使用；原始的素描我也可以提供，但是……"博塔先生提出了这种亲切但冷淡的建议，总之，他一副想委婉拒绝采访的样子。

葵女士和我两人匆匆忙忙地赶往博塔先生的办公室。有部分原因是这一天这位短小精悍、长得像浣熊一样的超忙建筑家（嘿，果真是圆眼镜！），因与工作人员和来访的客人不断交涉，而处于"非常受欢迎"的状态。就在我们初见面打完招呼后，他便消失了；在接受了我带来的小礼物之后，他又消失了；和女秘书一起搬来资料以后，他再度消失了。焦躁的葵女士一把抓住正要再次走出去的博塔先生的手腕，硬把他留了下来，并让他当场给里格纳图独家住宅的女主人打电话。但是，"屋漏偏逢连夜雨"，很不巧，女主人罹患重感冒，没去上班，正在家里睡觉。

博塔先生边讲电话，边耸耸肩说："大概不行啊！"然后他用眼睛给了我们一个暗号。我们也抱着必死的决心，很用力地挤眼睛，回送一个"对她再施加点压力什么的……"。

结果，在挤眉弄眼的对话中，我们以寄切[1]战术获胜。但女主人答应是答应了，不过有两个附带条件，一是参观时间要短，二是病人的寝室不在参观之列。那时候，我们真的完全不知道事情会变成什么样。

1
寄切（よりきり，Yorikiri），相扑时，抓住对方腰带迫使其后退的招式。——译者注

融入风景中的条纹几何形态

1
今和次郎（1888—1973），生于
日本青森县。1912 年东京美术学
校（现东京艺术大学）图案科毕业
后，担任早稻田大学建筑科助手。
1922 年发表《日本の民家》（岩波
书店）。今和次郎是日本大正末期
的风俗学、建筑学者。——译者注

如果你读过里格纳图独家住宅发表之时
的杂志，就会知道它是在一片广阔的旱田中
建造起来的，因此有种孤零零的感觉。博塔
先生留下了很漂亮的素描，以非常谨慎、充
满感情的手法，描绘出了风景中的里格纳图
独家住宅。我对这幅素描作品，不但百看不
厌，甚至还看得出神。我的直觉告诉我，我
对其如此痴迷是因为"这位建筑家懂得建筑
的本质"，或者"这个人看风景的眼中有着慈
爱"吧！博塔对于人们在风景中工作的景象
所使用的那种充满感情的笔法，在某些地方
与今和次郎[1]的民居素描以及高更笔下的风景
素描，似乎有着相通之处，尽管他们的画风
不同。对我而言，建筑家具有这样的目光是
非常重要的。

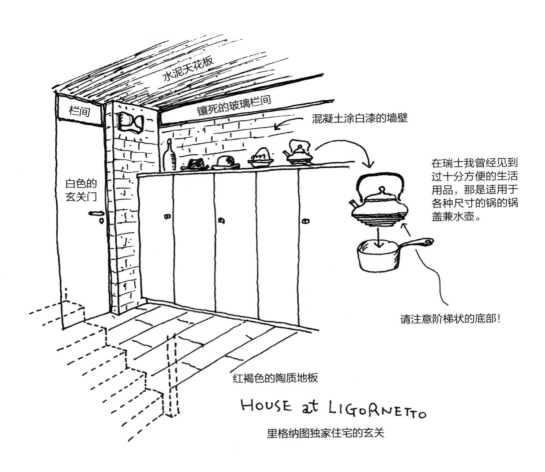

水泥天花板

栏间

镶死的玻璃栏间

混凝土涂白漆的墙壁

白色的
玄关门

在瑞士我曾经见到过十分方便的生活用品，那是适用于各种尺寸的锅的锅盖兼水壶。

请注意阶梯状的底部！

红褐色的陶质地板

HOUSE at LIGORNETTO

里格纳图独家住宅的玄关

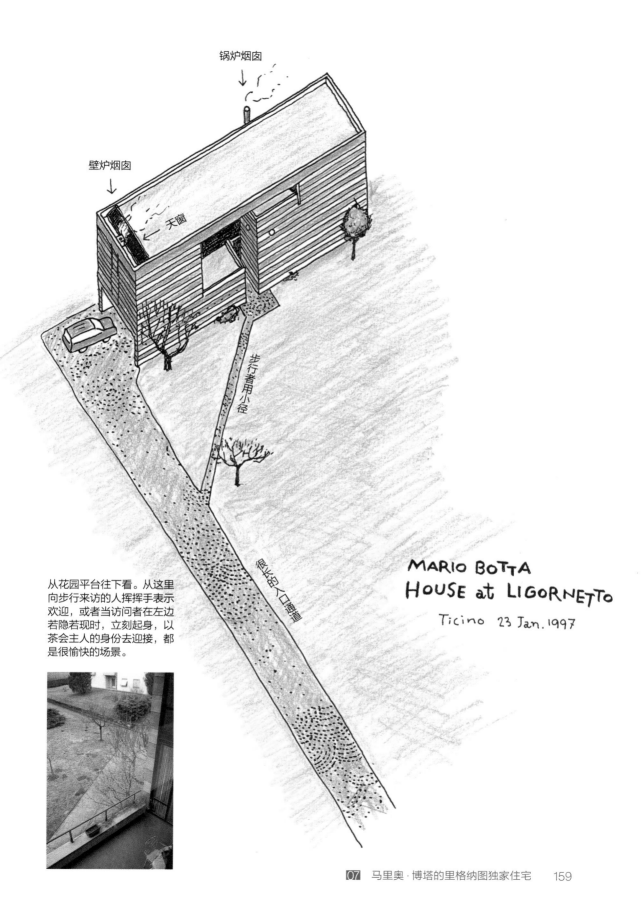

锅炉烟囱

壁炉烟囱

天窗

步行者用小径

很长的入口通道

从花园平台往下看。从这里
向步行来访的人挥挥手表示
欢迎，或者当访问者在左边
若隐若现时，立刻起身，以
茶会主人的身份去迎接，都
是很愉快的场景。

MARIO BOTTA
HOUSE at LIGORNETTO
Ticino 23 Jan. 1997

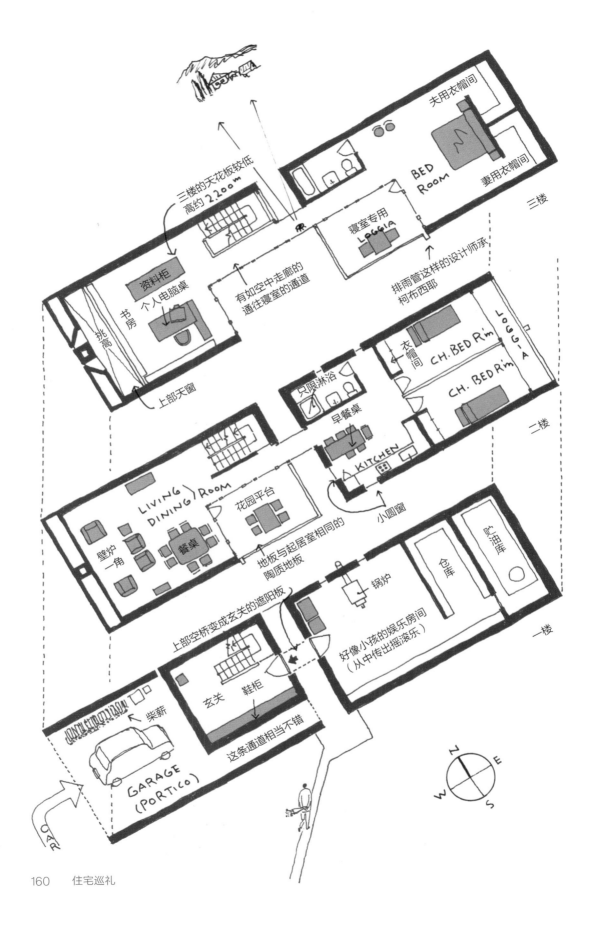

夫用衣帽间

妻用衣帽间

BED
ROOM

三楼

三楼的天花板较低
高约2200m

资料柜

个人电脑桌

寝室专用
LOGGIA

排雨管这样的设计师承
柯布西耶

有如空中走廊的
通往寝室的通道

书房

挑高

上部天窗

衣帽间

CH. BED Rm

LOGGIA

CH. BED Rm

二楼

只限淋浴

早餐桌

花园平台

小圆窗

地板与起居室相同的
陶质地板

LIVING
DINING ROOM

餐桌

壁炉
一角

KITCHEN

锅炉

仓库

贮油库

一楼

上部空桥变成玄关的遮阳板

好像小孩的娱乐房间
（从中传出摇滚乐）

柴薪

玄关

鞋柜

这条通道相当不错

GARAGE
(PORTICO)

CAR

N
E
W
S

从住宅完成至今已经过了 20 余年，住宅附近到底还是改变了。这里不像日本那样建房子建一大片，而是在周围一点一点地建造起来，以往里格纳图独家住宅那种"在广大的旱田中建造起来，有种孤零零的感觉"的氛围渐渐淡去。也许可以这样说，那氛围已融入里格纳图的聚落之中！里格纳图独家住宅具有红褐色与灰色的条纹，有如火柴盒，若要它不显眼，那是不可能的。但不可思议的是，它不会让人觉得格格不入，反而融入了附近的住宅和风景中去。

据说，博塔先生在设计的时候，会非常仔细地考虑"地方性"。这个"地方性"，除了风景，不用说当然也包含文化背景与历史背景。

例如，混凝土外墙上的红褐色与灰色的条纹，给这栋住宅添加了某种装饰，其实这也不是博塔先生的首创，听说这是提契诺的民居自古以来就使用的传统手法。利用在石灰中混入猪血而成的红褐色与只有石灰的灰色，造出了横纹模样的外墙。承袭这样的传统手法，以混凝土取代原有材料，根据博塔先生的解说，他的目标是要恢复那种条纹的"权力"。听说在提契诺的民居，人们都习惯以这种条纹来装饰"用来住的家"，以便于和只用石灰的灰色"家畜小屋"清楚地区分开来。

总之，在这儿的"风景"里，早就有能够非常理所当然地接受这种条纹的基础，也许"恰当地融入"是个意料之中的结果吧！

通道

在进入里格纳图独家住宅之前，我不得不先写写住宅的通道，希望读者务必将这条通道放在心上。这栋住宅的建筑用地不朝向公路，以日本的说法，它叫作"旗杆建筑用地"。一转入长长的铺着宽9厘米的立方小角石的私有道路，朝着建筑用地前进，那附近就再也没有房子了。那个有着条纹的"盒子"，从右边一下子飞入眼中。从远处看起来时隐时现的目标建筑物，一下子完全从视野里消失，然后又整个冷不防地出现在眼前，这突如其来的一击让我不知不觉地"啊——"了出来。

再前进一些，这条通道分岔出一条小径。步行的人走上这条仿佛切开草地铺设成的小径，朝右方斜斜地前进。一边斜斜地盯着房子看，一边已经到了玄关，这真是一场高明的演出呀！

若不走岔路，往前直行，便是车库。车进入车库以后，人从车的旁边穿过，可以直接走到玄关。

在古希腊的建筑原理中，好像有一条规定是"不要从正面接近建筑，务必斜向接近它"。据说，帕特农神庙和伊瑞克提翁神庙的通道，都谨守这条规定。

由于里格纳图独家住宅看起来平平板板的，博塔先生舍弃了那种朝向正面的通道，那感觉仿佛是要从正面突破建筑物似的。他推荐现在这种能够借着透视法去体会立体的魅力，以及让人能够怀着亲近的感觉去接近建筑物的斜式通道。关于这点，我必须说他非常了不起。

谈到那斜斜的通道，我可以举出许多例子，如约翰逊的玻璃屋、吉村顺三的轻井泽山庄等住宅，以及韩国的宗庙等历史建筑物。对我而言，这栋住宅也可以认为是其中的杰出案例。

常见而美丽的实用品

对里格纳图独家住宅的外观和通道的介绍长了点，我们马上就要入内参观了。不过在这之前，请务必仔细研读这栋住宅的平面图。

在我看来，里格纳图独家住宅能够让人长时间持续住下去的最大理由，其实在于它绝妙的平面设计。这栋住宅绝对不是一栋大住宅，它的规模颇为普通。总之，它与我设计的日本标准住宅，在尺寸上应该没有太大的差别。可是，住宅平面设计这种东西，能够让建筑师的想法更洗练，让思考更清晰，而且会让人有重新张开眼睛去看事情的感觉。博塔先生的平面设计，在手法上感觉不出他在卖弄才能，这一点实在很了不起。

这栋住宅由两个分开配置的同尺寸矩形结构组成。因此，在一楼形成了一个间隙，而在二楼和三楼，这个间隙向上延伸，将住宅内部明确地分为公共地带和私人地带，然后空桥的设计巧妙地将这两个部分联系起来。这两个部分在纵向上完全重叠在一起，二楼

的花园平台靠近公共地带这边的餐厅，三楼的花园平台却靠近私人地带的主卧室，这个配置显然是有意识地上下错开。卧室中，靠近枕头的那面墙在未到达天花板的地方就断了，于是它像屏风一样，隔开了背后的出入式衣帽间。这些设计在完成之后看来，好像每一处都是理所当然的，但从设计的角度观察，不得不说它们实在是不简单，都使用了精湛的手法！

根据博塔先生的说明，将玄关和储藏室设置在一楼，二楼用作白天活动的空间，包括起居室、餐厅、厨房等，寝室则设置在三楼，这是提契诺和意大利隆巴底亚的住宅原则，而他只不过是遵循了这个原则而已。另外，花园平台和车库也都只是采用了传统民居的风格，总之，说起来这都是极为普通的做法。博塔先生自己居住的地方，好像是建于1700年的民居，传统的东西真是浸染到他的骨子里了！

高度达三楼、感觉不错的北侧开口。但是，这个开口并未将建筑物完全分为两部分，在屋顶处有一个平板将其连接了起来。

条纹模样的用石块堆积的细部。为了强调石块每三层合成一条纹，博塔先生把部分接缝的颜色加深了。开口的正方形小窗，为的是使车库的采光状况良好。

顺着外墙往上看。厨房的圆窗、寝室专用的凉廊栏杆、承溜口的形状与尺寸等，都经过了严密的规划，石块的接缝处也非常严密且漂亮。

使用中且装饰普通的住宅。大壁炉前面有两位女士正在闲谈，看起来像是电影里的画面。想必是因为这个空间拥有特别的气氛吧。

在一次访问中，博塔先生说了一句令人十分佩服的话：

"我，说起来嘛……我想我更多是个实用的建筑师。"

如果真是这样的话，这栋住宅是个多么美丽的实用品啊！

从起居室挑高的部分往上看。从上面天窗射进来的自然光，像舔着涂白漆的大墙壁注入室内。从外面看起来窄窄的窗户在里面像是城墙的枪眼，呈"八"字形扩张出来。

被大幅度地封闭、用心切开的盒子

通过两栋立体建筑之间的缝隙，可以进入玄关的宽敞空间。背对着门，左边的一面墙壁上，有一个高及肩膀的放鞋子等东西的架子。架子后面的墙壁，在离天花板约20厘米处，镶嵌着用来采光的玻璃栏间。走上楼梯，这里就是整栋住宅的中心，起居室和餐厅都在这里。此时，屋外正下着雨，但这种凉冷的感觉还不错，女主人正把木柴添进大壁炉里。巨大的壁炉好像正在燃烧着拥有二楼高度的白色墙壁，它上部的天窗则注入了柔和的自然光。突然间，我立刻明白过来，原来给予这个说宽不宽、说窄不窄、大小适中的起居室和餐厅足够依靠，从而使其形成了良好坐卧感觉的，正是这面以石灰涂白的墙壁啊！在壁炉的对面，有一个能够容纳四五人用餐的宽敞的花园平台，以及连接厨房—小餐厅与小孩房间的空桥，只有这一带是巨大的玻璃开口部分。

博塔先生说："所谓的住宅，就是为了保护身体而建造的一个封闭的避难所。"可是，这栋住宅的主题看起来，好像是"大幅度地封闭，很用心地切开"。如果只限于从外部观察，切开的部分就显得有点儿太客气了，总之，它会让人觉得建筑物太封闭。建筑物的开口部分并不直接面对外部，因此，它必须借助花园平台来采光，并由此会令人担心室内是否昏暗。实际上，从地板到水泥天花板有着高度十足的开口，因此感觉不到那种令人担心的昏暗。像今天，一个雨云密布的冬日午后，这里尚且有这样的亮度，好天气的时候就更可以确保充分的亮光了。不过，厨房—小餐厅虽有两个用来采光的小圆窗，但终究还是不够，这种有点儿昏暗的感觉始终挥之不去。

书房和主卧室在三楼。很不巧，因主人感冒，我无法一窥主卧室，不过，我仔细参观了书房和起居室上方的挑高部分。比起二楼，这层楼天花板的高度压得较低些，洋溢着与寂静沉稳的书房非常搭配的氛围。落在壁炉白墙上的来自天窗的自然光，对于书房来说无疑也是重要的"大餐"。借着在挑高部分的白墙上移动的光影，我们可以知道一天内的时间变化，多么奢华的装置啊！

这个挑高部分的宽度大约有1米，因此它绝不是什么庞然大物。可是，它的功能不只是让来自天窗的光线落在起居室而已，它还是一个让起居室的氛围流向书房，让书房的氛围流向起居室的"氛围对流装置"。由于瓷砖的地板、土垩的墙壁和混凝土的天花板，这里的回音比预期的要好。

扎根于大地的建筑

我毫不在意先前"参观时间要短"的约定，很兴奋地在室内走来走去，完全忘记了时间的流逝。壁炉前，与葵女士相谈甚欢的女主人，与我四目相对。她的眼中流露出"差不多了"四个字，我终于意识到自己已经待了太久。在慢慢参观的满足感与意犹未尽的心情两相牵扯的复杂感受中，我决定下回再来。

我踏上了归途。

就在车子开出提契诺村之前，我回头一望，看见里格纳图独家住宅静静地伫立在雾雨迷蒙的风景中。

博塔先生曾说过，"建筑是扎根于大地的东西""一个住宅设计，其实是在设计那个地方"。如果我们从稍远一点儿的地方把建筑当作风景的一部分来看，这些话就拥有了更强的说服力。

于是我下车，怀着对这些话的赞美之意，拍下了一张照片。

（1997 年 2 月）

从有点儿暗的厨房—小餐厅，隔着走道看向起居室。寂静而昏暗，让我想起这个地方传统民居空间的寒气。

右边是楼梯间，最深处是围着壁炉的起居室，上面是书房。室内有多处明与暗的共存，给予这个本来可以说是朴素的空间以奢华的感觉。

三楼通道的大开口部分。规则地竖立在两根柱子之间的天窗，其上方由镶死的玻璃和半开的窗户交互穿插而成。

从厨房的圆窗，经由凉廊，看向房间的上面部分与书房。主要的开口部分不直接面对外面，而是面对凉廊，是这栋住宅的设计原则之一。

路易斯·康 Louis Kahn

（1901—1974）

　　1901 年，路易斯·康出生于爱沙尼亚的萨拉马岛（Salama）。1905 年，举家迁至美国费城。从当地的工业艺术设计学院毕业后，路易斯在 1924 年进入宾夕法尼亚大学建筑系学习建筑，1935 年在费城开办了设计事务所。虽然他的作品不多，但每一件都是呕心沥血、具有高度精神性、宛如"美丽神殿"的建筑物。在设计事务之余，路易斯还在耶鲁大学和宾夕法尼亚大学等学校，热心地致力于建筑教育。

　　路易斯的代表建筑作品有耶鲁大学美术馆（Yale University Art Gallery）、宾夕法尼亚大学理查德医学研究中心、索尔克生物研究所（Salk Institute for Biological Studies）、金贝尔美术馆（Kimbell Art Museum）、埃希里克住宅（Esherick House）等；著作有《路易斯·康建筑论集》。

路易斯·康的埃希里克住宅

美国 丨 费城 栗子山 丨 1959—1961 年

灼伤

我在设计一栋住宅的厨房时，想起了小时候的农家厨房，于是陷入很久以前的回忆中。特别是在思考微波炉周围的设计时，一方面，我的工作人员彼此尽情展示自己的经验和智慧，另一方面，我在思考如何实现可与飞机内的厨房相媲美的简易操作，这一切让我想起老家的大灶，于是不禁觉得自己现在认真奋斗的模样很滑稽。

而我能够清清楚楚地记得那个大灶是有原因的。

我在4岁的时候，因为那个灶，脸部曾遭到灼伤。幸运的是，那次灼伤只是一次没有留下疤痕的轻伤，后来也就没事了。可是，那个时候我两眼四周都有红黑色带状的伤疤，甚至眼睛也无法睁开。

有关这个灼伤现场，或许我有必要稍加说明一下。

我小时候居住的房子是位于海岸边松树林中的茅草屋顶房子，那时候我家用烧柴的大灶煮饭。年轻的读者如果了解"日本古老故事"里的民居和厨房，也许有助于想象。

有一天傍晚，我不知道为什么觉得肚子很饿，很想早点儿吃那热乎乎的白饭。于是，我趁母亲不注意，接近了大灶。我想看看饭煮好的样子，就用双手把那个木锅盖咚的一声拿了起来，并探头去看。当时我还是小孩子，并不知道饭煮好之前的锅里充满了热热的蒸汽。

瞬间，仿佛蒸汽火车头那样的热气团喷了出来，直接触及了我的眼睛。与此同时，如同被火烧着的（对于灼伤来说，这是很贴切的比喻吧！）哭声，从我的嘴巴里喷了出来。

在我遭到灼伤约半个世纪以前，在波罗的海边的爱沙尼亚的一个贫穷村庄里，也有一位面部遭到严重灼伤的3岁小孩。这个小孩的灼伤比我的严重多了，他的脸上留下了无法消除的疤痕。

事情的经过是这样的。

这个小孩喜欢在壁炉前盯着燃烧的火焰

看。有一次，他和往常一样，看着火焰出神。平时燃烧会冒出蓝色火焰的煤炭，这次竟然烧出了他从来没见过的绿色火焰。接着，他为那"美丽的绿色"所着迷而想去拿它。

于是，这个小孩用火钳去夹那个闪耀着绿色的发光体，然后用自己穿的围兜把它包了起来。不久后，围兜烧了起来，他的脸和手遭到了严重的灼伤。

这个孩子就是建筑家路易斯·康。而这次的住宅巡礼，我想写的正是路易斯·康和他设计的埃希里克住宅。

在幼儿期遭受颜面灼伤的小孩似乎都背负着成为建筑师的命运……发现了自己和路易斯的共通点，我一边玩味着这不太坏的感觉，一边写到这里。突然，我意识到伟大人物和平凡人即使同样遭遇灼伤，动机却差了十万八千里。

难道不是吗？一个是想拿取"美丽的绿色"的孩子，一个是想把美味的食物放入口中的孩子。在那一刻，早已胜负立判！

哎呀，"三岁看大"的说法，真是残酷到底的事实啊！

埃希里克住宅素描（Esherick House Sketches © Louis Kahn 2000）

美丽的神殿

这个关于路易斯灼伤的小故事，是我在大约4年前，观看洛杉矶现代美术馆所发行的《路易斯·康》纪录片时偶然知道的。在影片中，路易斯的遗孀淡淡地诉说着这个故事，我不知道为什么自己非常感动。就在看完影片不到两个月后，我再也忍不住，展开了从美国西海岸到东海岸的路易斯代表作的巡访之旅。

说真的，在那之前，我对路易斯的建筑都敬而远之。因为对我而言，他的建筑太过于崇高，可以说是存在于云端之上，仰之弥高，钻之弥坚。自学生时代起，我从建筑杂志上的照片中就能感受到它们的威严，因此面对这种气势，我似乎有点儿畏缩不前。

除此之外，还有一个令我畏惧的理由，那就是路易斯的"话语"。他谈建筑、谈光、谈沉默、谈物质、谈房间、谈教师与学生，这些话语实在太过于深远和高尚。说起来很不好意思，我实在无法充分地理解这些话语（其实，即使到现在，我也几乎无法理解）。

例如，"物质是燃烧尽的光""沉默向着光，光向着沉默""房间是建筑的本源，心的场所"，这些话语仿佛来自《福音书》。而"没有光，就没有建筑，光也是主题"这样的话，简直就像是《创世记》第一页神的声音一样。

可是，在看完路易斯的纪录片之后，我注意到自己比以前更靠近他的建筑了。

另外，虽然《福音书》对我的成长没有多大帮助，但我决定先把它放在身边。我的想法是，反正路易斯的建筑并非建造在云端上，我亲自去访问它时，可以站在它的面前，置身在那个空间里，沉浸在路易斯非常用心导入的"特别的自然光"之中！

这次旅行中我所访问的路易斯的建筑，正如预想中一样，每一栋都强烈地吸引着我，而位于得克萨斯州的金贝尔美术馆，让我体会到了那种从心灵深处涌上来的深沉宁静的感动。那支配着整个空间的静谧，不向任何东西谄媚的建筑威严，还有充盈在室内每个角落、造就了奇迹般典雅的银色自然光，说真的，与其称它为美术馆，不如称它为"美丽的神殿"。

我觉得，路易斯所撷取的"美丽的绿色"，在数十年之间，好像一直在他的心中孵化着，最后变成了这座金贝尔美术馆，巍巍地耸立在那里。

另外，恐怕我是一个有贪念的人吧，我不满足于置身在路易斯设计的建筑中，还祈祷这次一定要见到他设计的住宅。

逐渐接近这栋位于树木中的盒型建筑物。带有特色的开口部分，诉说着这不是一栋普通的住宅。

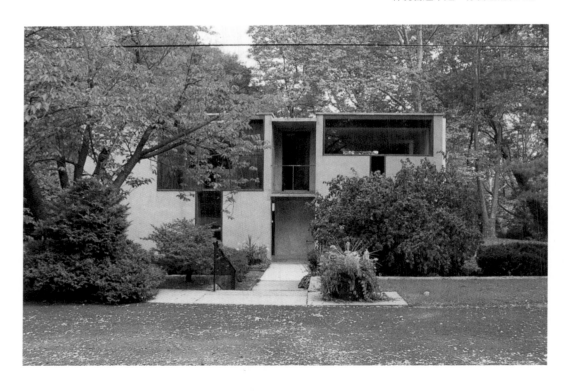

外观既像绘画，也像雕刻。有着
立体阴影的壁面，因为天气和日
照而展现出各种样貌。

往上看以木框镶边的开口部分。不只有涂着灰泥
的墙面，还有玻璃壁面和木制板面。木制的建具
面，为了防止雨淋而深深地缩到里面去。

访问者最先看到的西南面大墙壁。它以壁炉的烟囱为中心，形成了严密的对称。拥有这样的形态，与其说这是住宅，不如说它是巨大的祭坛。

转一圈看看整个外观，来到这里，这栋住宅突然显现出平
易近人的姿态。路易斯有一张描绘这个立面的素描，上面
也洋溢着温暖的味道。

向着公园的东南立面。请同时参考平面图，您就能够感觉
到，这栋住宅的"主""从"空间和交互并列的平面结构，
都直接表现在了外观上。

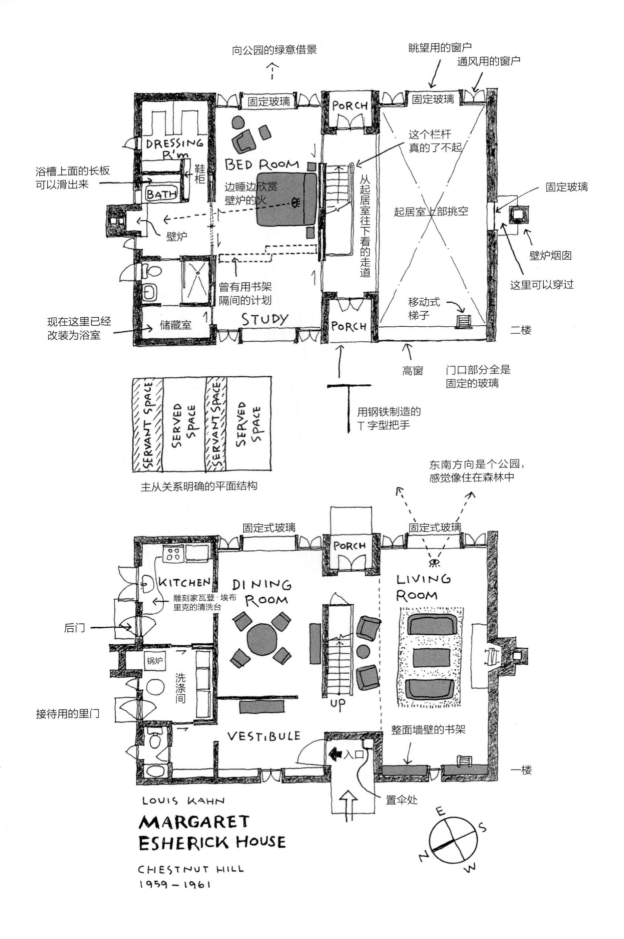

向公园的绿意借景

眺望用的窗户

通风用的窗户

固定玻璃

DRESSING R'm

固定玻璃

鞋柜

BATH

浴槽上面的长板
可以滑出来

BED ROOM

边睡边欣赏
壁炉的火

这个栏杆
真的了不起

固定玻璃

从起居室往下看的走道

起居室上部挑空

壁炉烟囱

壁炉

这里可以穿过

曾有用书架
隔间的计划

储藏室

STUDY

移动式
梯子

二楼

现在这里已经
改装为浴室

PORCH

高窗

门口部分全是
固定的玻璃

SERVANT SPACE   SERVED SPACE   SERVANT SPACE   SERVED SPACE

用钢铁制造的
T 字型把手

主从关系明确的平面结构

东南方向是个公园,
感觉像住在森林中

固定式玻璃

PORCH

固定式玻璃

KITCHEN

雕刻家瓦登·埃布
里克的清洗台

DINING ROOM

LIVING ROOM

后门

锅炉

洗涤间

UP

接待用的里门

VESTIBULE

整面墙壁的书架

一楼

入口

置伞处

LOUIS KAHN

MARGARET
ESHERICK HOUSE

CHESTNUT HILL
1959 – 1961

2階ブリッジから居間の北西壁面に作りつけられた本棚を見下ろす。写真では中央上部の建具が閉まっているが、これを

从二楼空桥向起居室西北壁面的固定式书架看下去。照片中，中央区块上半部分的建具是关着的，若是打开的话，就会出现 T 字形的光。

壁炉和它上面镶死的窗户。由稍
微离开外墙的烟囱所产生的影子,
从这个窗户照射进来,好像流淌
的时光,在起居室的地板上静静
地巡回。

为了眺望公园的树木而设置的镶死的大玻璃面,以及两侧通风用的木制建具。
WINDOW 的语源好像是 WIND+EYE。

栗子山

埃希里克住宅坐落于费城市郊的栗子山一处娴静的住宅区内。

我连续两次，碰巧都在 10 月访问了这栋住宅。看了纪录片后，我第一次踏上路易斯的建筑参观之旅，也正好是 10 月。对我来说，10 月有点儿"路易斯·康月"的感觉。

最初访问埃希里克住宅的时候，时机欠佳，我遭遇了那一带非季节性的暴风雨。在足以将人摔倒的风雨中，我还是参观了这栋住宅。第二次参观时，则是新英格兰特有的美丽晴朗秋日。总之，可以在两种不同的天气下参观埃希里克住宅，也是不错的呀！

栗子山是一个被丰富的森林包围的漂亮住宅区。就在前面四五栋住宅的地方，还有一栋名留住宅史的话题作品静静地矗立着——罗伯特·文丘里（Robert Venturi）[1]的"母亲的家"。

我要参观的埃希里克住宅位于这条小路上稍稍突出的地方。建筑用地是长方形的，两边没有邻居，面对着公园里的深邃树林。

这栋住宅比我想象中小了一号，保持着端正如雕塑的姿势，很慎重地被放在保养良好的草地上。

是的，埃希里克住宅没有那种建在地基上的感觉，仿佛它只是被摆在那儿。而且，它丝毫不让人觉得哪里不对劲儿，反而融洽地融入风景之中。对于这件事，我有点儿小小惊讶！

仔细看这栋住宅的话，你会发现所谓的"像住宅"的要素并不多，或许说"不像家"会比较贴切吧！理由是，这栋住宅是平屋顶，也就是没有屋顶或屋顶形状的东西，同时也没有窗户形状的东西，至于玄关的门，更是静静地完全藏身在墙壁凹处的底部。

1

罗伯特·文丘里，美国著名建筑师，20世纪主要建筑人物之一。——译者注

稍微离开建筑而独立的烟囱，与其说让人感觉它背后是壁炉，不如说让世人重新认识了所谓"烟囱"这种东西！

即便如此，我却在建筑身上感觉不到某些实验住宅建筑师经常有的那种自负与炫耀。当下，我了解到，远远超越了那些建筑师的自我意识和世俗性的，就是这栋建筑。

埃希里克住宅以一般住宅所没有的，让人感觉比任何住宅还"住宅原型"的方式，静静地矗立在那个地方。

这栋住宅的建造，从 20 世纪 50 年代末期持续到 20 世纪 60 年代。住宅的委托人是一位优雅的独身女性，她的哥哥是一位著名的建筑师，叔父是一位著名的雕刻家。一旦读者把这些当作预备知识放在脑中，就可以对一些脱俗的室内设计心领神会了，例如，浸泡在二楼寝室角落里的浴缸中，同时欣赏着壁炉中的火焰。

埃希里克住宅的外观第一眼看上去非常简单朴素，甚至带着几分冷淡，但仔细看下去的话，就会发现它是饶富深趣的：西北正面的外观是并列在通道边的两个盒子；西南立面是在大壁面的正中央安置着有如积木工艺品的壁炉和烟囱；东南立面则面对公园树林，展现了镶死的玻璃面、木制建具[2]面、灰泥面等结构；以及只有在这里才能看见的，并列设计的一些不同尺寸的窗户和出入口的门，这是让人觉得有住宅感的东北立面。

任何一面，都可以窥见只有路易斯才有的个性造型，以及为其提供支持的细部工作。即使只是绕建筑物走一圈，也会发现相当多值得看的东西。

其中，最吸引我的是开口部分。

由于路易斯把将自然光导入室内视为他建筑的最大主题，因此，他在开口部分的设计上注入了无与伦比的精力与时间。

不可否认，埃希里克住宅与那些经常说"没有自然光，就没有建筑"的建筑家的作品是有关系的。这栋建筑正是为开口部分所设计的，而上述说法好像正强烈地向我传递着信息。

充分地运用镶死的巨大玻璃面，使其与茶

2
建具，修建日本房屋的门、窗、拉门、隔扇等设备的总称。——译者注褐色、保存良好、像陈旧工艺品的木制建具之间产生绝妙的平衡，而这个木制建具面又比玻璃壁面后退约 50 厘米，这给予整个立面雕刻般的阴影和韵律。当然这么一来，上面部分就有了庇护，对雨天便让人头痛的木制建具产生了保护作用，显然这也是经过考虑的。

根据室内生活的需要而开关建具，建筑的感觉也产生了不同的变化。生活在里面的人的行为，从窗口将屋内氛围流泄到屋外。

虽然前面我说过"不像家"这样的话，但我总觉得埃希里克住宅只是在很刻意地排除不必要的部分罢了。

例如，房檐水槽就没装上。怪不得檐端的线条看起来很流畅。雨水被收集在屋顶的中央部分，通过住宅内部埋设的导水管排出。一般的建筑师对于这种可能造成漏水的设计，光想想就觉得恐怖，根本不敢去尝试。因此，不去介意这种事情，也许就是大师之所以能成为大师的原因吧！

我像好奇心旺盛的猎狗一样，绕着埃希里克住宅转来转去。发现这些初见让人觉得微不足道的设计，让这栋建筑免除了一般住宅所带有的庸庸碌碌的感觉。

埃希里克住宅的外观，好像是在以寡言沉默的姿态，为我讲述着路易斯的建筑思想和建筑手法。

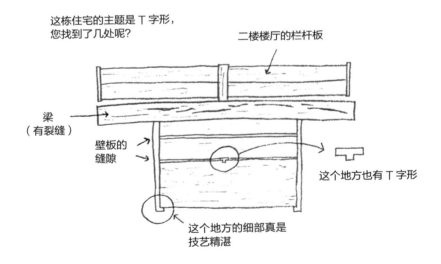

这栋住宅的主题是 T 字形，您找到了几处呢？

二楼楼厅的栏杆板

梁（有裂缝）

壁板的缝隙

这个地方也有 T 字形

这个地方的细部真是技艺精湛

由无杂色的厚板与硬木的大梁所
组成的楼梯隔间壁板，以及空桥
的栏杆。这根大梁像是一个相当
顽皮的小孩，不但有裂缝，还向
上扭曲，就像拱形桥梁一样往上
弯曲。

楼梯间和区隔它的无杂色的厚板壁面。在这个部分，路易斯淋漓尽致地发
挥了他手艺人的本领。

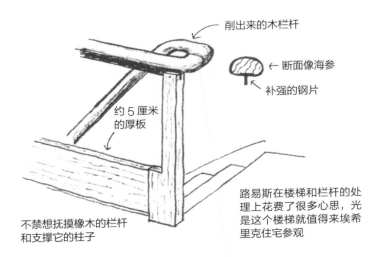

削出来的木栏杆

← 断面像海参

补强的钢片

约5厘米
的厚板

不禁想抚摸橡木的栏杆
和支撑它的柱子

路易斯在楼梯和栏杆的处
理上花费了很多心思,光
是这个楼梯就值得来埃希
里克住宅参观

向下看的二楼空桥和楼梯。这个
部分在本文中不知不觉着墨甚多,
相信读者们也有同样的感受。请
好好玩味和欣赏一下。

不可动摇的平面结构

从现在开始要进入室内了，不过，在此之前，请先看一看平面图。

这栋住宅的平面结构由长方形组合而成，非常明快有力。这个结构将路易斯所提倡的"被服务性空间"和"服务性空间"[1]的想法，直接放在了平面图上。这两个词组意味深长，简单地说，就是"起居空间"和"招待空间"[2]。经由两者的交互配置，这栋住宅的平面结构就完成了。

整个结构动线是，一楼为起居室→楼梯空间→餐厅→厨房—洗涤间等连在一起，二楼则是起居室上面的挑高部位→楼梯→走廊→寝室→衣帽间→浴室—厕所等靠在一起。

当然用水区域也上下完全重合在一起，而且这个用水区域没有尽头，是个可以从这一头进来从那一头出去的"循环计划"。这个巧妙的隔间，无论如何希望您不要看漏了。

所谓结构清楚的住宅，计划上没有小细活的住宅，是指大体上感觉很不错的居所。可是，我觉得这栋住宅的背后，似乎有个不可动摇的信念或者有如坚定意志的东西在牢牢地支撑着它。

漏了一点有关外观的事。这个平面结构也直接反映在立面的结构上，请务必在照片上确认一下。

1
被服务性空间（Served Space）和服务性空间（Servant Space）是路易斯在1950年提出的空间概念，以明确的空间与构造形式区分供人活动的空间与服务性空间。——译者注
2
招待空间泛指厕所、楼梯、走廊、机械房等服务性空间。——译者注

风 + 眼

让我们从位于通道尽头的凹处、简朴的玄关门廊进入室内吧！外面的墙壁是灰泥涂上灰棕色，内部的墙壁都是熟石膏的白色。铺地板的木板、分隔楼梯间的板壁、装置在整面墙壁上的书架，都是原木色的。这栋住宅，就是以这两种色调完成的。

起居室是个有两层楼高的挑高空间。望向富有森林绿意的东南面的中心，有一面高大的镶死的玻璃墙壁。玻璃墙壁的两侧，装置着同样高度的木制建具，这个建具可以说是板子门。在自然光的获取上，可以感受到路易斯的那份执着。

路易斯将眺望用的窗户和通风换气用的窗户，按功能完全区分开来。这让我不禁想起 WINDOW 这个单词的语源，是 WIND（风）+ EYE（眼）。

路易斯的窗户，的确是这样的。

在这栋住宅中，除了平面图和开口部分以外，其他地方也可以感受到路易斯特有的设计风格。例如，从建在起居室的一整面墙壁的书架（听说女主人是个非常爱书的人），以及挂在那个书架上的移动式梯子，可以窥见作为家具设计师的路易斯的面貌。还有，由硬木材质的梁柱以及区隔楼梯和板壁周边的洁白厚板材所组成的雕刻状的修建工作，一旦从正中央面对它们，就只有完全臣服于路易斯强健有力的技艺而傻傻地站在那里的份儿了。

路易斯这样的建筑家，在如何把素材的最佳特质发挥出来，如何把它们的魅力展现到淋漓尽致的程度上，可以说是一个运用自如的高手。特别是他对木材的运用有如手艺人般巧妙，真是令人叹为观止！

此外，关于楼梯扶手那让人忍不住想说两句的精美之处，也必须大书特书一下。但是，这些要如何用言语来表现呢？

形状削得像海参、触感良好、握起来感觉不错的楼梯扶手，在人们往上走的时候，一个回转，就变成了空桥的扶手。我沉醉地抚摸着由橡木与钢铁组合而成的、豪放的、致密的、男性的、有如带着优美触感的工艺品的扶手，竟一时忘我了。

　　这次的体验告诉我，如果想体会和理解路易斯作品的真正魅力，必须把心放空，将全身交给视觉与触觉，用耳朵倾听建筑空间和其中的细节所诉说的沉默之声。最重要的是，要真正去面对作品本身。

　　投入的情感加上全神贯注所建造的细节，

把建筑本身质变为"路易斯·康所喜欢的"。把这个称为路易斯独自体会到的"建筑炼金术"，应该可以吧？

　　反过来说，路易斯的建筑本质，根据他的哲学语言，多么难以理解呢？这次巡礼让我重新注意到这个事实。

寻找 T 字形

关于扶手的叙述太过于深入了，让我们轻松一下吧！

一旦置身于路易斯的建筑空间，你就会注意到同一个造型的主题被重复使用的现象。就像是在乐曲里，在连续的低音中反反复复浮上来然后又消失的主旋律。

依照路易斯原有的设计，他不想刻意彰显某个主题，所以一不留神没注意到，便将其藏过了头。但是，正如同主旋律会在耳边不断演奏一样，这个主题不知何时就会浮现在眼底，作品的视觉印象或者残留的影像就此留在心中。

在埃希里克住宅中，这个主题就是 T 字形。

首先，T 字形以起居室开口部分的独特形状展现出来，并赋予这栋住宅的外观强烈的印象，强力地吸引着来访的客人。

其次，在餐厅的开口部分，有好几个 T 字形若隐若现。在二楼，两处门廊的钢铁制、幅度窄的扶手，也是完全的 T 字形。

最后，在室内，起居室书架所夹的细长开口和它上部镶死的玻璃所形成的光也是 T 字形的，这是压轴之作。另外，我还觉察到一点，位于两侧的书架，无论将它的可动式横板移动到什么地方，也都会形成 T 字形！

在路易斯语录中有这样一句话："好的问题，优于最好的答案。"在这里，我要向读者提出一个问题：

从埃希里克住宅的照片中，您可以找出几个 T 字形来？

（1997 年 10 月）

除了下过功夫的开口部分，这个餐厅没有什么特别之处，极为普通。这个简单朴素的空间，让人觉得很安稳，整个坐卧的感觉似乎很不错。

从玄关经过洗涤间通向厨房的动线。这条内部动线非常自然，试着去设计的话，好像还不太容易弄成这个样子。

不像是路易斯风格的有机造型的厨房清洗台和橱柜。这些都是委托人叔父的作品，毕竟路易斯好像不喜欢这些过度设计的东西。

勒·柯布西耶 Le Corbusier

（1887—1965）

　　建筑师，是指在学习时代，做堪称"建筑行脚"之旅的人。换句话说，有志于做建筑师的人，好像都会因旅行而成为建筑师。

　　即使在这一点上，勒·柯布西耶也是伟大的先驱者之一。他在年轻时所展开的多次旅行，具有无法衡量的深远意义。

　　其中，柯布西耶与地中海的相遇，在这里要特别记上一笔。生性喜欢海水浴的地中海人柯布西耶，于 1965 年 8 月在自己的休闲小屋附近游泳时，因心脏病发作而回归地中海。78 岁依然活跃的奇才建筑家遭此不测，令各界均感到惋惜。

勒·柯布西耶的休闲小屋

法国 | 马丁岬 | 1951 年

奥弗涅山巡礼

1983 年夏末，我步行访问了残存于法国中部奥弗涅山中的罗马式教会。这是一段搭乘了火车和汽车，最后背着背包徒步行走的旅程。

那个时候，我刚辞去了吉村顺三设计事务所的工作，那是我截至当时一直工作的地方。由于我才开始创业，一时间也没有正式的工作，当然也没有钱。幸运的是，我有很多闲暇时间，能够不在乎时间的长短来完成那次悠闲之旅。

说创业，只是表面上好听，实际上我更像是失业。因为在师事过吉村顺三这样的建筑高人之后，我已没有心情在其他建筑师手下工作了。而且，我当时已不是再就业的年龄，也过了学习时代，于是决定开设自己的设计事务所。

虽然有点儿奇怪，但也许可以将那个时期称为我的"中世纪"或者"罗马"时期吧！那时我觉得中世纪，特别是罗马时期的美术与建筑有着无可抗拒的魅力，对于相关的美术书籍，我更是百看不厌。

反正时间多得是……

一旦读了那些书，就想去那些地方实地访问，这是人之常情。就算不是这样，我也是个总想找个地方去看看的旅行爱好者。最终，我用尽仅有的一点点积蓄，踏上了奥弗涅山巡礼之旅。

我在奥弗涅山中的教会与修道院做一次巡礼，然后徒步走到地中海，这样就能从那条冗长的"罗马隧道"中脱身出来。接着，我突然非常想看近代建筑和现代建筑。

那时我偶尔待在法国和意大利交界的小镇芒通，想起来在那附近应该有柯布西耶自己的别墅，所以花了许多时间去寻找。不过，那是一栋小建筑物，对于一个没有方位感的旅人来说，找它犹如大海捞针。结果，我未能如愿就回国了。

我第一次访问柯布西耶的别墅，是在那

大城市来的著名建筑
家柯布西耶

当地的餐旅店老板托
马斯·勒比塔

次旅行 6 年之后的 1989 年 12 月。

　　我的"住宅巡礼"就是从这个时候开始
的。之后，我便开始了这场走访遗留在这世
界上的住宅的旅行。

被地中海所拥抱

出生于瑞士北部侏罗山中的建筑家柯布西耶，第一次见到地中海，是在他几岁的时候呢？初次见到地中海，他完完全全着迷了，并终其一生爱着这片海，没有任何事、任何人能与之比拟。

这里的"一生"并非言语上的修辞，因为柯布西耶真的在地中海里结束了他的一生。1965 年 8 月 27 日，他在蔚蓝海岸的东端，即马丁岬的海岸，游泳时心脏病发作，成了不归人。不，与其这样说，不如说柯布西耶被湛蓝的羊水拥抱，回归地中海母亲的身边！

那一天，柯布西耶发现的是个叫作"岩壁海岸"的地方，这里不是沙滩，而是一整片铺满碎石的海边。当海浪从岸边退去的时候，可以听到宛若小铃铛一起转动所发出的清凉声音，也许是海水从无数小石缝中流过的缘故吧。这种海岸如果在日本的话，有可能会被命名为"美铃滨"之类的。当然，柯布西耶无疑也一面听着那玄妙的声音，一面享受着边走边捡拾形状好看的小石头和流木的片刻空闲。

从距离那个海岸约 100 米的地方，往上爬约 8 米高，在一个阶梯状的山丘上，柯布西耶的"休闲小屋"，一间他颇为满意的别墅，静静地矗立着。

"这间休闲小屋的居住感觉是最佳的。我一定会在这里过完一生吧！"

仿佛对宿命有预感，或者这是他潜在的愿望，柯布西耶在亡故的前半年留下了这句话。

"海之星餐旅店"的友情

在马丁岬的对面，有个靠近意大利国境的小镇。这个小镇叫芒通，是一个稍微热闹的地方。而在海岬的这边则是一个不一样的世界，是一片好像在打盹。带着乡土气息的海边风景。

有一本内容翔实有趣的书，记载了柯布西耶在这个地方建造休闲小屋的原因、休闲小屋本身的故事，以及之后柯布西耶在马丁岬附近计划兴建的许多案子（这些几乎都没实现）等。

我大约在8年前的巴黎的一家书店买到了这本书。这是一本用法文写的书，我没有办法顺利地读它，不过随时翻翻看看，东想西想，倒也蛮愉快的。幸运的是，这本书中有大量的照片、素描和平面图，即使用前面的那种"读书方法"，我在某种程度上也还是能够理解它的内容。

可是，仅仅是浏览并无法满足我，我只好请住在巴黎的朋友帮我私下翻译，终于好不容易把这本书读完了。

在写这本书之前，我一次都没有访问过这间休闲小屋。我和为我翻译的朋友在谈论书的内容时，对小屋的某些地方难以理解，彼此的意见也有分歧，所以最终演变成"不如去现场确认一下吧"。而到现在为止，我已经是第四次到访这间小屋了。

这样的决心与努力有了回报，朋友的翻译后来也在日本出版了。

读者们，请务必读一读那本书，不过先让我在这里扼要地介绍一下它的精彩之处吧！

在马丁岬有一栋潇洒的别墅，是由艾琳·格雷（Eileen Grey）设计的，通称E-1027，也称作"白色之家"。巴黎的前卫艺术家经常聚集在这里，柯布西耶也是这里的常客。这栋别墅和它周边的风景素来为人所喜爱。有时候，柯布西耶为了整合都市计划的大案子，就把这栋建筑租借下来，招来20多个公所的人员一起在这里工作。

可是，就像前面所说的，这里是个偏僻的地方，首要的问题是如何准备这 20 多个人的每日三餐。

不过还好，正巧就在不远的地方，有一间刚开张的简易餐馆——"海之星餐旅店"。所有吃饭的问题就通通交给它了。

"海之星餐旅店"的老板是一位既素朴又有个性的父亲，柯布西耶与他非常意气相投。

大都市来的名人和本地人，彼此的心温暖地交流，这样的剧情想必读者已经注意到了。是的，正是电影《邮差》[1]的那种模式。

我第一次看这部电影的时候，总觉得剧情很熟悉。我一边想着"在哪里见过呢"，一边看着电影，突然想起了柯布西耶与餐旅店老板的故事。在漆黑的电影院里，我有了好像是怀念的朋友在拍我肩头的感觉。

话说这两位感情非常亲密的朋友，仿佛是喜欢恶作剧的孩子，总会策划出各种各样的事情。而柯布西耶天生就是个喜欢工作的人，我曾经说他是"一个有太多想说想做的事情，静不下来的人"。夏天休假的时候，理应逍遥自在地过日子，但是他的大脑和手却抑制不住地动起来啦！

比如，从"海之星餐旅店"的花园平台抬头往山上看，可以看到一块土地。在还没有任何委托人的时候，柯布西耶便计划建造一栋"游览胜地别墅"，并着实耗费了不少时间在建筑用地的调查和设计上。另外，在海岸岩石裸露的地方，柯布西耶计划将其做成游览胜地用的简单朴素的集合住宅，但他好不容易把从工程资金的调度筹划到建筑许可申请等所有事情都打点妥当了，这个项目突然被叫停了。

结果，在这些计划之中，真正实现的只有柯布西耶的休闲小屋和为餐旅店老板建造的"露营中心"，一栋供度假的客人居住的细长形平房。

柯布西耶自己的休闲小屋，因为具有以上诸多计划的模型屋特质，因此可以说是那些计划的副产品。

1
《邮差》讲述的是，智利诗人巴勃罗·聂鲁达（Pablo Neruda）和妻子于 1948 年流亡到意大利南部的小岛上，与邮差青年马里奥建立起了友谊的故事。——译者注

从飞机上看到的马丁岬。后面覆盖着雪的是阿尔卑斯山。柯布西耶从那群山中
来到外面的世界，却在地中海结束了他的一生。

从罗克布伦·马丁岬车站一路走过来的小径，被命名为"勒·柯布西耶散步道"。

仿佛藏身在巨大树荫下的休闲小屋。在通道尽头见到的藤架，覆盖着"海之星餐旅店"的花园平台。

乍看小屋的外观，以为它是原木屋。原木裁下的部分，被当作壁板贴在墙上。原本考虑用金属板做外墙的壁面，最后决定用这种朴素的材料。

从通往休闲小屋的路往下看的岩壁海岸。柯布西耶每年夏天都在这个远离人世喧嚣的美丽海边享受海水浴。

休闲小屋

这栋休闲小屋位于蔚蓝的海岸，虽然它是柯布西耶这种世界超有名的建筑家的别墅，但毫无半点儿豪迈气势，很符合"小屋"的形象。这栋建筑之小令人惊讶，而且非常简单朴素。

关于这间小屋的大小与形状，我是先在《勒·柯布西耶作品全集》中有所了解，而后才到这里来访问。即使已经知道了它的小，但在第一次到达这个地方的时候，我还是感叹："嗯，果然！"

从最近的无人车站罗克布伦·马丁岬，走路约 10 分钟，可以到达一条名为"勒·柯布西耶散步道"、易于被人错过、铺满小碎石的小径。一走过右下方粗糙的通道楼梯，首先看到在左边有一间由组合式工地小屋转用的柯布西耶工作室，而在右边深处巨大的树荫下，休闲小屋就"蹲"在那里。

小屋的建筑用地有点儿像阶梯式台子，屋前只有一小块空地，而斜斜地直接走过去，便会滚落在海岸岩石裸露的地方。

小屋的正面当然是地中海，远方可以看见有个海岬突出在海上，那前端就是摩纳哥。

休闲小屋第一眼看起来虽然像原木小屋，但实际上并不是这样的，它只是使用了附有原木部分（木头外侧的圆形地方）的板子作为外墙。屋顶没有多余的装饰，没有封檐板[1]，也没有鼻隐[2]，只有铺着石棉瓦的大浪板而已。

据我所知，这些素材的选择和使用，并不是柯布西耶的手法。我不自觉地停下来，抱着胳膊，仔细观察外观，虽然发现了柯布西耶式的造型词汇，但只能从高度异常的窗户比例上窥见一斑。

1
封檐板，屋檐下的扁长形木板，可以保护屋瓦下的桷木。——译者注
2
鼻隐，日本建筑用语，隐藏屋檐椽木的板子。——译者注

可是，打开入口的拉门，踏进室内一步，就进入了柯布西耶那个独特、漂亮的建筑世界。

入口的左边，整面墙画的是立体派的壁画，其中一部分装置让人联想起柯布西耶所喜好的客舱圆角形舱门。在走廊的墙壁上，安装着看似位置不规则的外套挂钩，其实，它们是严密地按照模度 [3] 来安装的。

接着，到了室内。

房间是个正方形，每条边的长度是 3.66 米，按照日本说法，这是一间刚好有 8 个榻榻米大的套房。在这间套房中，有两张可以用来当作沙发的床，还有附有侧桌的书架、桌子、衣柜、两个箱型的高椅，以及附有洗脸盆的架子。在这个正方形之外的房间角落，也就是入口走廊挂外套墙壁的里侧，有一个极小的厕所。

总之，这个室内是起居室兼书房，以及附有洗脸盆的寝室。

这个房间没有厨房和浴室，膳食似乎全部在隔壁的"海之星餐旅店"解决，沐浴则是在外面做了一套简单的淋浴设备就解决了。

在地板上铺薄板条，墙壁和天花板用三夹板收尾，开口部分不多，这个简单朴素的

3
按照柯布西耶《模度》（*Le Modulor*）一书，模度（Modulor）由模数（module）和黄金比数（nombre d'or）两个词构成。——译者注

房间洋溢着类似于日本茶室的氛围。观察四周时，我才发现，这个房间把外面的光和景色，从较小的窗户那小心翼翼地引进来。这里的天花板要多说一句，为了符合建筑法规，天花板的一部分必须往上抬，这样一来，利用高度差，天花板的里面便成了收藏旅行箱和钓鱼竿的地方。日本茶室的氛围就酝酿出来了。

还有一点，第一眼看起来好像漫不经心，但仔细再看的话，就会发现柯布西耶在家具及其摆设上留下了诸多苦心的痕迹，因而带给室内空气一种满满的紧绷感，这也是让人联想起茶室的原因。

前面介绍过的那本书，收录了许多张可以觉察出柯布西耶气息的室内画稿与家具素描，这些都是非常值得看的东西。从素描上的尺寸记录以及潦草的图画中，我们可以清楚地看到，柯布西耶在这个室内追求最小限度尺寸的建筑主题，以及有如船舱的功能性的空间。

再者，在这个室内，感觉有一种好像漩涡状水流的东西，我想在这里先记下来。

那个漩涡之流，是从入口通过走廊，在室内绕一圈所形成的顺时针方向的动线之流，同时也是因动线而引起的意识之流。漩涡之流其实是借着家具的摆设而产生出来的，看看平面图就能够明白了。才说到漩涡之流是从入口开始的，我立刻就注意到，其实它更早以前就已经开始啦！

必须先指出的是，走在从车站到"勒·柯布西耶散步道"的小径上，感觉地中海在右侧，沿着大大的右转圆弧，而后逐渐靠近这个地方。从这条小径走下右手边的下坡处，通往小屋的通道显然是小屋内部那顺时针转动的漩涡之起点，这一点请千万不要漏看了。

总之，访问这栋小屋的人，在走出车站，开始走上小径的时候，就已经被卷入看不见的漩涡中。当他注意到的时候，发现自己已经坐在室内的桌子前面，正看着眼前由"风景窗户"所切取出来的地中海风景。

柯布西耶有搜集石头、动物骨头、螃蟹甲壳的兴趣，进而从这些东西上获得建筑的灵感。这些收集品之中也包含了螺，此物所具有的含义，再次浮上我的脑海。

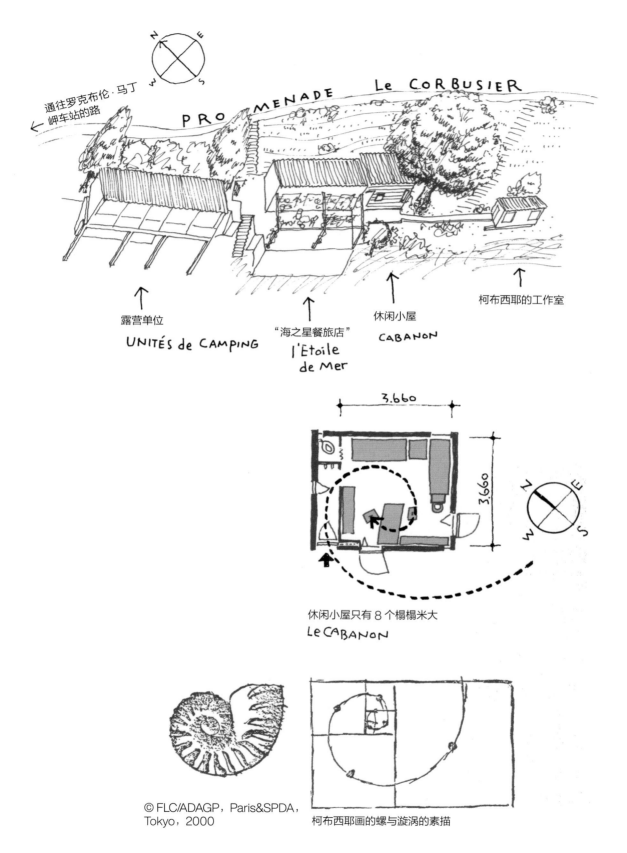

通往罗克布伦·马丁
← 岬车站的路

PRO MENADE   LE CORBUSIER

露营单位

UNITÉS de CAMPING

"海之星餐旅店"
l'Etoile
de Mer

休闲小屋

CABANON

柯布西耶的工作室

3.660

3.660

休闲小屋只有 8 个榻榻米大

LE CABANON

© FLC/ADAGP，Paris&SPDA，
Tokyo，2000

柯布西耶画的螺与漩涡的素描

入口的拉门和木制台阶。水泥地上用小石子摆出的花样，大概是出自"海之星餐旅店"老板之手。

距离休闲小屋约9米的地方，是柯布西耶的工作室。里面有一张尺板桌，上面放置着柯布西耶收集的石头、骨头、贝壳等。

打开入口的拉门，看到像走廊一样的入口玄关。正面挂衣服的钩子，是按照模度寸法配置的。左边的墙面是柯布西耶的壁画装饰。

从走廊往入口处看。整面墙壁上的壁画，色彩鲜艳而幽默。正面是蔚蓝色的地中海。这个狭窄的空间位于外部与室内之间，形成了日本茶室侧身而过的小门那样的效果。

捡石头

并没有刻意模仿柯布西耶的做法，不过，我也享受过在旅行目的地的海岸或河床上捡取石子和流木的乐趣。因此，我在拜访休闲小屋的时候，在小屋下面的岩壁海岸上努力地捡取石头。浑圆的石头、美丽的椭圆石头、形状有趣的石头、颜色漂亮的石头、有白色花纹的石头……有时一不留神，捡了太多，那数量和重量就好像背了一台很重的照相机。

带回家的石头，大体上是放入玻璃瓶中用来浸泡梅子酒，或者摆在书架或书桌上，偶尔拿来把玩，偶尔用来取代镇纸。有一次我突发奇想，在其中一块石头上，用笔画上了柯布西耶的肖像。

在我看来，或许 32 年前的某个夏日，柯布西耶踏着这颗发烫的石头，决定走入地中海里洗他人生的最后一次海水浴。

（1997 年 4 月）

形成走廊隔间的板壁之前放置的衣柜。柯布西耶是个善于做双向拉门的人，在这里可以看到，他将把手的闩用在了门的止滑上。

与充满阳光的室外相对照，这个有着三夹板的墙壁、褐色木制家具的房间，呈现出寂静和昏暗的气氛。

房间角落换气用的直立型长窗。它的旁边有一扇用屋内的挡雨板来开关的正方形窗户，洗脸台的侧面挂的是一位与狗玩耍的女士的照片。

每一边长 70 厘米的正方形玻璃窗。地中海和摩
纳哥半岛有如画一般，正好镶在那儿。当初，柯
布西耶曾委托简·普鲁威（Jean Prouve）设计
这扇窗户，但计划中途夭折了。

床头的细节。如果只看以钢片支撑的木
制头靠的形状，以及手工削出的抽屉把
手等细部工作，就能感受到柯布西耶的
话，那您也是个十足的"柯布西耶发烧
友"了。

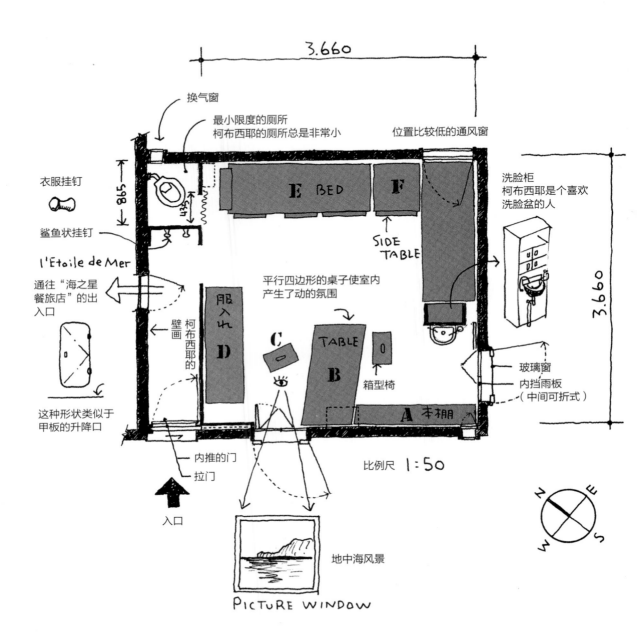

换气窗

最小限度的厕所
柯布西耶的厕所总是非常小

位置比较低的通风窗

3.660

衣服挂钉

鲨鱼状挂钉

l'Etoile de Mer

通往"海之星
餐旅店"的出
入口

这种形状类似于
甲板的升降口

壁画
柯布西耶的

865

432

E BED

F

SIDE
TABLE

服入れ

D

平行四边形的桌子使室内
产生了动的氛围

C

TABLE

B

0

箱型椅

A 本棚

洗脸柜
柯布西耶是个喜欢
洗脸盆的人

3.660

玻璃窗
内挡雨板
(中间可折式)

内推的门
拉门

入口

比例尺 1:50

地中海风景

PICTURE WINDOW

N
E
S
W

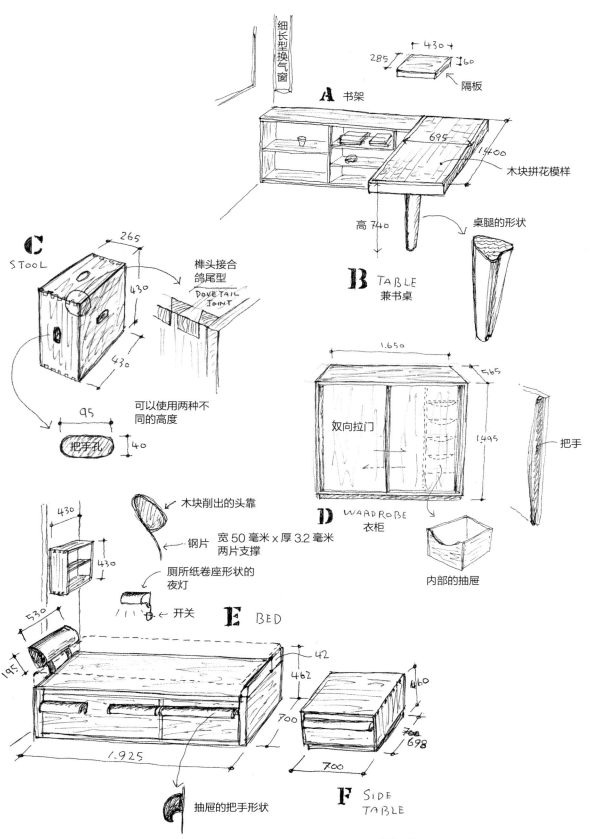

细长型换气窗

A 书架

285 ← 430 → 60
隔板

695

1400

木块拼花模样

高 740

桌腿的形状

B TABLE
兼书桌

C STOOL

265

430

430

榫头接合
鸽尾型

DOVETAIL
JOINT

95

把手孔 40

可以使用两种不
同的高度

1650

565

双向拉门

1495

把手

D WARDROBE
衣柜

内部的抽屉

430

430

木块削出的头靠

钢片

宽 50 毫米 × 厚 3.2 毫米
两片支撑

厕所纸卷座形状的
夜灯

开关

E BED

530

195

42

462

460

700

700
698

1.925

抽屉的把手形状

700

F SIDE
TABLE

闪闪发亮的不锈钢洗脸盆，虽然有唐突的感觉，却诉说着柯布西耶对洗脸盆的偏爱。装置在右侧的窗户折门上的镜子，刚好洗脸时用。

用布帘遮挡的极小的厕所空间。柯布西耶对于厕所的舒适度似乎没那么在意，经常将其勉强地塞进狭小的空间里。

在与"海之星餐旅店"接界的墙壁
上，做了一个像甲板的升降口形状
的边门，店里的食物可以直接送达
休闲小屋。这面墙壁上有柯布西耶
绘制的明朗的立体派壁画。

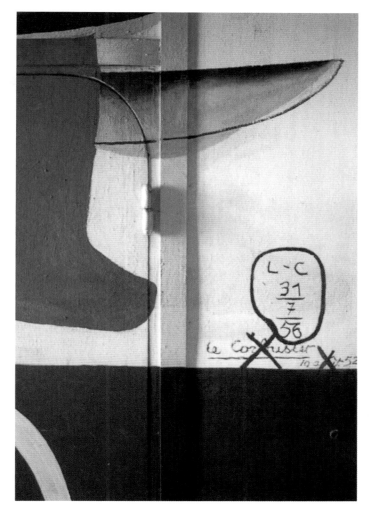

柯布西耶曾说："建筑是一种在阳
光下形状正常、绝妙、神奇的游
戏。"他一生钟爱着蔚蓝的地中海
的闪烁阳光。

读者参观导引

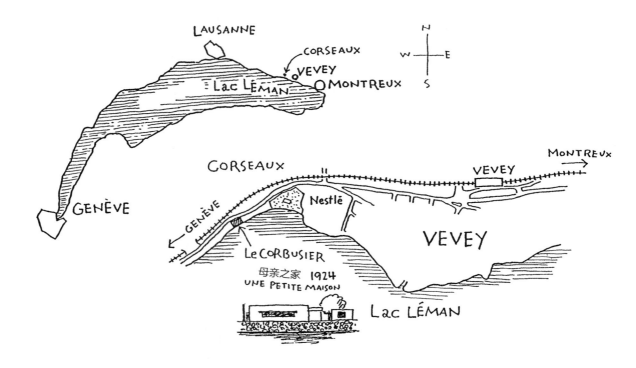

母亲之家 / 勒·柯布西耶

地址：21, Route de Lavaux. 1802
Corseaux, SUISSE
询问处：柯尔塞乡公所
一般的参观日是每年的 4 月 1 日到 11
月 14 日之间的星期三下午 1 点 30 分
到 5 点。
5 人以上申请的话，上述以外的日子也
可参观。住在附近的女士会来开锁。

地址: 242 East 52 st. New York, NY U.S.A

城市住宅目前被当作个人现代美术画廊，因此不开放内部参观。从纽约近代美术馆走路约 10 分钟可达，我认为即使只是去看看面对街道的建筑外观，也是值得的。

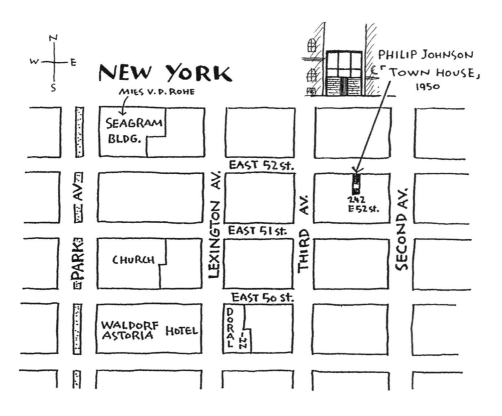

科耶塔罗 / 阿尔瓦·阿尔托

地址：Melalamentie Muuratsalo, Finland

询问处：阿尔瓦·阿尔托博物馆

如果坐出租车，我推荐坐到附近的珊纳特赛罗（Säynätsalo）镇公所下车，然后走路过去。

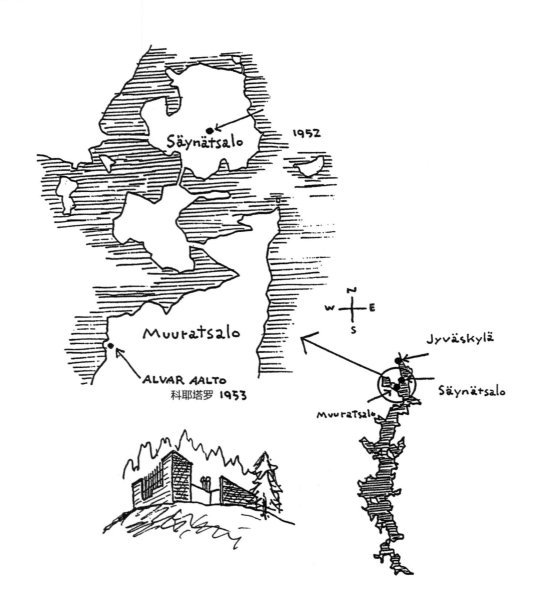

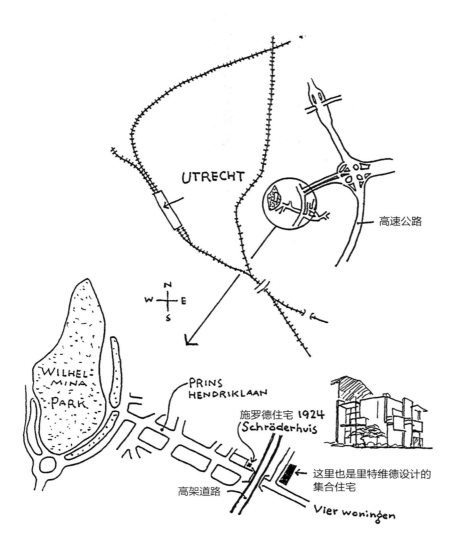

UTRECHT

高速公路

WILHEL·MINA PARK

PRINS HENDRIKLAAN

施罗德住宅 1924
Schröderhuis

这里也是里特维德设计的
集合住宅

高架道路

Vier woningen

施罗德住宅 / 吉瑞特 · 托马斯 · 里特维德

地址：Prins Hendriklaan 50 Postbus 2106,
3500GC Utrecht THE NETHERLANDS
询问处：中央美术馆

流水别墅 / 弗兰克·劳埃德·赖特

地址：P.O. Box R, Mill Run, PA U.S.A
询问处：宾夕法尼亚州西部水利

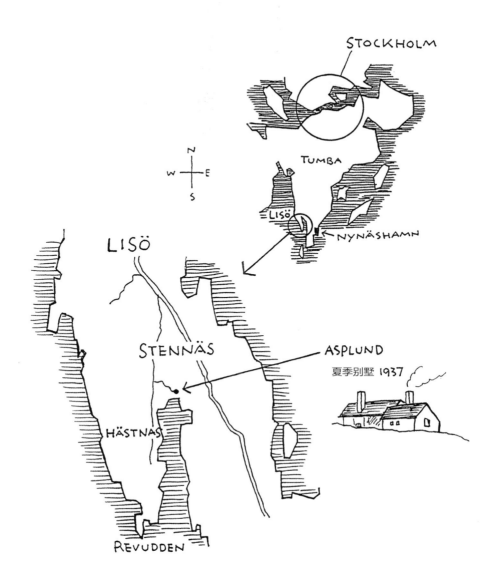

夏季别墅 / 埃里克·贡纳尔·阿斯普朗德

地址：Stennäs Lisö-Peninsula, SWEDEN
个人住宅，不对外开放参观。

里格纳图独家住宅 / 马里奥·博塔

地址：Ligornetto Alla Vignascia, SUISSE
个人住宅，不对外开放参观。但是，在那
附近有许多博塔的作品，进行一次博塔建
筑外观的巡礼倒是可以的。

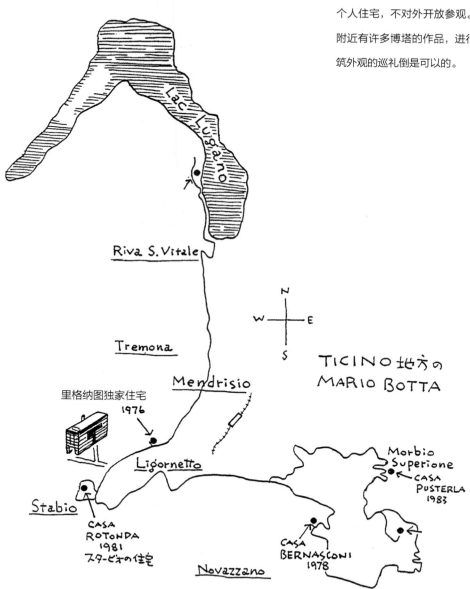

Lac Lugano

Riva S. Vitale

N
W E
S

Tremona

TICINO 地方の
MARIO BOTTA

Mendrisio

里格纳图独家住宅
1976

Ligornetto

Morbio
Superione
CASA
PUSTERLA
1983

Stabio

CASA
ROTONDA
1981
スタービオの住宅

CASA
BERNASCONI
1978

Novazzano

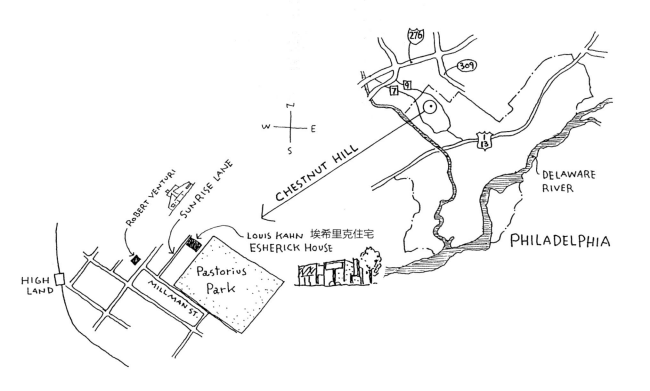

埃希里克住宅 / 路易斯·康

地址：204 Sun Rise Lane, Chestnut Hill Philadelphia, PA U.S.A

个人住宅，原则上不对外开放参观。无论如何也想参观的朋友，可以与以下询问处交涉。

询问处：宾夕法尼亚州大学内

在日升之路的入口处，有罗伯特·文丘里的成名作"母亲的家"，请勿错过（可惜的是，这栋住宅需要特别的许可才能参观）。

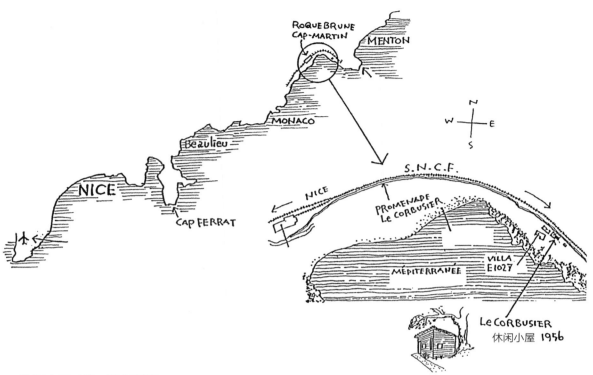

休闲小屋 / 勒·柯布西耶

地址：Plage de Buse Cap-Martin

Roquebrune, FRANCE

询问处：马丁岬镇公所

休闲小屋下面的岩壁海岸，是柯布西耶
经常洗海水浴的地方。在休闲小屋背后
的山中走约 20 分钟，有一座公墓，柯
布西耶和依凡内夫人就葬在此地。从公
墓处看地中海的景色，相当不错。

飞机逐渐下降，进入着陆状态。我额头顶着圆圆的小窗，仿佛窥视一样，忍不住往下看。

不久后，渐渐可以看到长长的海岸线以及沿着海岸线生长的松林，成田机场就在眼前，一段旅行又结束了，我终于归国了。

对我来说，这种归国的感觉，同时带给我归乡的感觉。原因是，在眼底缓如弓形曲线的海岸线上，松林里有我的老家，那是我生长的地方。

其实，我的老家现在已经完全不存在了。在 20 岁时，我在那块土地上为双亲设计了一栋小住宅，那是我的住宅处女作。

到了现在，我可以这么说，那只不过是一栋初出茅庐的建筑青年在年轻气盛下所建造的住宅，虽然醒目但不实用。即使用偏袒的眼光来看，那也是一个失败的作品。在那里，没有生活的感觉。虽然这已经没有办法改变了，但没有生活感的建筑价值何在？对于我这种热衷

于设计处女作住宅的人来说，这种毫无道理的轻率是存在的。

总之，那栋住宅是在双亲妥协下建造的，不过，我并没有率直地承认过。即使这种事在心高气傲的年轻人中经常发生，但我总觉得自己是个令人头痛的年轻人。

大方的父母还是接受了这栋住宅。不过，即便他们没有透露出不满，在不到一年的时间内，因为住宅的隔间缺点和欠缺考虑日常生活的极细微处，家里的许多地方都产生了不便，而且既缺乏建筑上的特殊形象，又没有独创性和艺术性的东西。最终，我自己也必须承认失败了。

让我清楚地意识到建筑家应该同时也是住宅设计专家这件事，是在我经历处女作住宅设计失败后，经过自省，痛定思痛的结果。

因此，在父母依然健在而且还住在那栋住宅的十几年前，我每次出国又回来时，从飞机的圆窗总是能够清晰地看见眼下自己那间处女

作的屋顶。在我感到怀念之前，仿佛先被惭愧的针锐利地刺了一下。

正好在那个时候，我开始研读眼前堆积如山，从学生时代起就喜欢的世界住宅名作资料。

换句话说，那就像当过多的自我意识和年轻气盛的浓雾散去后，有一座巨大的山横亘在眼前的感觉。接着，我不知不觉地以推敲赏析知名棋谱一样的方式，反复研读那些住宅名作的平面图和照片，这个过程真的非常愉快！

这本书是我在实际走访那些对我而言是住宅设计的老前辈，同时也是教科书的住宅名作之后的随笔。

在这次难得的旅行中，我领悟到住宅设计仅仅靠建筑的理论知识、构想力、专业技术等是应付不了的。总之，我了解到，设计住宅的建筑师必须是对"人的住处"具有丰富想象力的人，同时也必须具备捉住人心的说服力与个性，这也可以称为领导性格。

最重要的是，这个人必须是一位拥有温柔的心，能够细致地观察人类的行动和动作，解读复杂的心理伪装，与市井小民的喜怒哀乐产生共鸣的"人类观察家"。

总之，从大学建筑系毕业后，我重新认识到，住宅设计并不是拥有小小的才能就可以胜任的简单工作，它有着无法度量的宽广领域，而且十分深奥，同时充满了乐趣。

从设计双亲的住宅开始，时间已经过了四分之一世纪了。

住宅设计之路很遥远，我的"住宅巡礼"恐怕还得继续下去。

2000 年 1 月 中村好文

未来，属于终身学习者

我这辈子遇到的聪明人（来自各行各业的聪明人）没有不每天阅读的——没有，一个都没有。巴菲特读书之多，我读书之多，可能会让你感到吃惊。孩子们都笑话我。他们觉得我是一本长了两条腿的书。

———查理·芒格

互联网改变了信息连接的方式；指数型技术在迅速颠覆着现有的商业世界；人工智能已经开始抢占人类的工作岗位……

未来，到底需要什么样的人才？

改变命运唯一的策略是你要变成终身学习者。未来世界将不再需要单一的技能型人才，而是需要具备完善的知识结构、极强逻辑思考力和高感知力的复合型人才。优秀的人往往通过阅读建立足够强大的抽象思维能力，获得异于众人的思考和整合能力。未来，将属于终身学习者！而阅读必定和终身学习形影不离。

很多人读书，追求的是干货，寻求的是立刻行之有效的解决方案。其实这是一种留在舒适区的阅读方法。在这个充满不确定性的年代，答案不会简单地出现在书里，因为生活根本就没有标准确切的答案，你也不能期望过去的经验能解决未来的问题。

而真正的阅读，应该在书中与智者同行思考，借他们的视角看到世界的多元性，提出比答案更重要的好问题，在不确定的时代中领先起跑。

湛庐阅读App：与最聪明的人共同进化

有人常常把成本支出的焦点放在书价上，把读完一本书当作阅读的终结。其实不然。

时间是读者付出的最大阅读成本

怎么读是读者面临的最大阅读障碍

"读书破万卷"不仅仅在"万"，更重要的是在"破"！

现在，我们构建了全新的"湛庐阅读"App。它将成为你"破万卷"的新居所。在这里：

● 不用考虑读什么，你可以便捷找到纸书、电子书、有声书和各种声音产品；

● 你可以学会怎么读，你将发现集泛读、通读、精读于一体的阅读解决方案；

● 你会与作者、译者、专家、推荐人和阅读教练相遇，他们是优质思想的发源地；

● 你会与优秀的读者和终身学习者为伍，他们对阅读和学习有着持久的热情和源源不绝的内驱力。

从单一到复合，从知道到精通，从理解到创造，湛庐希望建立一个"与最聪明的人共同进化"的社区，成为人类先进思想交汇的聚集地，与你共同迎接未来。

与此同时，我们希望能够重新定义你的学习场景，让你随时随地收获有内容、有价值的思想，通过阅读实现终身学习。这是我们的使命和价值。

本书阅读资料包
给你便捷、高效、全面的阅读体验

本书参考资料
湛庐独家策划

☑ **参考文献**
为了环保、节约纸张，部分图书的参考文献以电子版方式提供

☑ **主题书单**
编辑精心推荐的延伸阅读书单，助你开启主题式阅读

☑ **图片资料**
提供部分图片的高清彩色原版大图，方便保存和分享

相关阅读服务
终身学习者必备

☑ **电子书**
便捷、高效，方便检索，易于携带，随时更新

☑ **有声书**
保护视力，随时随地，有温度、有情感地听本书

☑ **精读班**
2~4周，最懂这本书的人带你读完、读懂、读透这本好书

☑ **课 程**
课程权威专家给你开书单，带你快速浏览一个领域的知识概貌

☑ **讲 书**
30分钟，大咖给你讲本书，让你挑书不费劲

湛庐编辑为你独家呈现
助你更好获得书里和书外的思想和智慧，请扫码查收！

（阅读资料包的内容因书而异，最终以湛庐阅读App页面为准）

JYUTAKUJYUNREI by Yoshifumi NAKAMURA

Copyright © Yoshifumi NAKAMURA 2000

Original Japanese edition published in 2000 by SHINCHOSHA Publishing Co.,Ltd.Tokyo

Simplified Chinese translation rights arranged with SHINCHOSHA Publishing Co.,Ltd.through BARDON CHINESE CREATIVE AGENCY, Hongkong.

Simplified Chinese translation copyrights © 2021 by Cheers Publishing company, china

All right reserved.

著作权合同登记号：图字：01–2021–2881 号

图书在版编目（CIP）数据

住宅巡礼 / （日）中村好文著；林铮颉译. --北京：
中国纺织出版社有限公司，2021.10
ISBN 978-7-5180-8863-8

Ⅰ．①住… Ⅱ．①中… ②林… Ⅲ．①住宅-建筑设计-作品集-世界-现代 Ⅳ．①TU241

中国版本图书馆CIP数据核字（2021）第184922号

责任编辑：闫　星　　责任校对：韩雪丽　　责任印制：储志伟

中国纺织出版社有限公司出版发行
地址：北京市朝阳区百子湾东里 A407 号楼　邮政编码：100124
销售电话：010—67004422　传真：010—87155801
http://www.c-textilep.com
中国纺织出版社天猫旗舰店
官方微博 http://weibo.com/2119887771
北京盛通印刷股份有限公司印刷　各地新华书店经销
2021年10月第1版第1次印刷
开本：787×1092　1/16　印张：15.5
字数：290千字　定价：99.90元

凡购本书，如有缺页、倒页、脱页，由本社图书营销中心调换